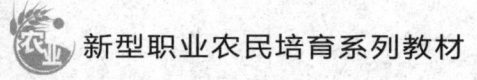
新型职业农民培育系列教材

无公害蔬菜栽培与病虫害防治新技术

◎陈 勇 徐文华 白爱红 主编

中国农业科学技术出版社

图书在版编目（CIP）数据

无公害蔬菜栽培与病虫害防治新技术/陈勇，徐文华，白爱红主编.—北京：中国农业科学技术出版社，2017.3
ISBN 978-7-5116-3003-2

Ⅰ.①无… Ⅱ.①陈…②徐…③白… Ⅲ.①蔬菜园艺-无污染技术②蔬菜-病虫害防治 Ⅳ.①S63②S436.3

中国版本图书馆 CIP 数据核字（2017）第 044970 号

责任编辑	白姗姗
责任校对	贾海霞
出版者	中国农业科学技术出版社
	北京市中关村南大街 12 号　邮编：100081
电　话	（010）82106638（编辑室）　（010）82109702（发行部）
	（010）82109709（读者服务部）
传　真	（010）82106650
网　址	http://www.castp.cn
经销者	各地新华书店
印刷者	北京富泰印刷有限责任公司
开　本	850 mm×1 168 mm　1/32
印　张	6.375
字　数	165 千字
版　次	2017 年 3 月第 1 版　2018 年 11 月第 4 次印刷
定　价	28.90 元

◀━━ 版权所有·翻印必究 ▶━━

《无公害蔬菜栽培与病虫害防治新技术》
编委会

主　编： 陈　勇　　徐文华　　白爱红

副主编： 伍均锋　　王伟华　　秦关召　　张跃发
　　　　　宋长庚　　张克平　　张　科　　李振红
　　　　　李艳丽　　李景太　　张现丛　　贺文超
　　　　　宋发旺　　石亮亮　　胡海建　　王永芳
　　　　　代晓娅　　李志超　　李艳红　　张　萍
　　　　　杨　愉　　孙　颖　　林艳丽　　赵轶琼
　　　　　边红伟　　杨晓芳　　朱晓红　　胡贵民
　　　　　李　娜　　焦　阳

编　委： 武建丽　　马　军　　张小玲　　彭　芬
　　　　　马果梅　　王够珍　　韩建英　　孔凡伟
　　　　　窦仲良　　朱　红

前 言

所谓无公害蔬菜是指蔬菜中有害物质（如农药残留、重金属、亚硝酸盐等）的含量，控制在国家规定的允许范围内，人们食用后对人体健康不造成为害的蔬菜。随着人们生活水平的不断提高，消费者在满足蔬菜数量的同时，人们的消费理念发生了根本性变化，对蔬菜品种结构和内在品质要求日益强烈，因此推动了蔬菜的生产从数量型向质量型方向转变。近年来，无公害蔬菜深受市场青睐，价格上扬，经济效益十分可观。从近几年的蔬菜价格分析，只要达到优质、营养、无公害标准的蔬菜，其价格一直居高不下且畅销国内外。

本书全面、系统地介绍了蔬菜生产的知识，包括无公害蔬菜栽培概述、无公害蔬菜栽培技术、无公害蔬菜贮藏与加工、无公害蔬菜经营管理等内容。

本书围绕大力培育新型职业农民，以满足职业农民朋友生产中的需求。重点介绍了无公害蔬菜种植方面的成熟技术以及新型职业农民必备的基础知识。书中语言通俗易懂，技术深入浅出，实用性强，适合广大新型职业农民、基层农技人员学习参考。

编　者

2017 年 2 月

目 录

第一章 无公害蔬菜栽培概述 …………………… (1)
 第一节 无公害蔬菜的概念 ………………………… (1)
  一、无公害蔬菜的概念 ……………………… (1)
  二、世界无公害蔬菜的发展现状 …………… (1)
  三、我国无公害蔬菜的发展现状 …………… (2)
 第二节 无公害蔬菜栽培的意义 …………………… (2)
  一、生产无公害蔬菜有益于人体健康 ……… (2)
  二、生产无公害蔬菜可以增加农民收入和农业效益 … (3)
  三、生产无公害蔬菜有利于外销 …………… (3)

第二章 无公害蔬菜栽培技术 ……………………… (4)
 第一节 瓜类蔬菜无公害栽培技术 ………………… (4)
  一、黄瓜 ……………………………………… (4)
  二、冬瓜 ……………………………………… (17)
  三、苦瓜 ……………………………………… (21)
  四、南瓜 ……………………………………… (24)
  五、丝瓜 ……………………………………… (27)
  六、甜瓜 ……………………………………… (30)
  七、西葫芦 …………………………………… (34)
 第二节 茄果类蔬菜无公害栽培技术 ……………… (40)
  一、番茄 ……………………………………… (40)
  二、茄子 ……………………………………… (54)
  三、青椒 ……………………………………… (64)

第三节　白菜类蔬菜无公害栽培技术 …………………… (76)
　　一、大白菜 ……………………………………………… (76)
　　二、结球甘蓝 …………………………………………… (87)
　　三、花椰菜 ……………………………………………… (94)
　　四、青花菜 ……………………………………………… (101)
第四节　绿叶类蔬菜无公害栽培技术 …………………… (104)
　　一、莴苣 ………………………………………………… (104)
　　二、芹菜 ………………………………………………… (108)
　　三、菠菜 ………………………………………………… (116)
　　四、生菜 ………………………………………………… (118)
第五节　根茎类蔬菜无公害栽培技术 …………………… (121)
　　一、萝卜 ………………………………………………… (121)
　　二、胡萝卜 ……………………………………………… (124)
　　三、马铃薯 ……………………………………………… (128)
第六节　葱蒜类蔬菜无公害栽培技术 …………………… (132)
　　一、韭菜 ………………………………………………… (132)
　　二、洋葱 ………………………………………………… (140)
　　三、大蒜 ………………………………………………… (145)
第七节　豆类蔬菜无公害栽培技术 ……………………… (151)
　　一、菜豆 ………………………………………………… (151)
　　二、荷兰豆 ……………………………………………… (158)
　　三、豇豆 ………………………………………………… (160)
　　四、毛豆 ………………………………………………… (163)

第三章　无公害蔬菜贮藏与加工 ………………………… (167)
第一节　蔬菜采收质量安全 ……………………………… (167)
　　一、采收标准 …………………………………………… (167)
　　二、采收时机 …………………………………………… (169)
　　三、采收方法 …………………………………………… (170)
第二节　蔬菜的加工 ……………………………………… (171)
　　一、蔬菜的种类及可加工性 …………………………… (171)

二、加工原料的选用与处理 ………………………… (172)
第三节　蔬菜贮藏技术和方法 ………………………… (175)
一、低温调控贮藏技术 ………………………… (175)
二、气调贮藏技术 ……………………………… (177)
三、减压贮藏技术 ……………………………… (179)
四、防腐剂贮藏保鲜技术 ……………………… (180)
五、生物贮藏保鲜技术 ………………………… (181)

第四章　无公害蔬菜经营管理 ………………………… (183)
第一节　无公害蔬菜成本核算 ………………………… (183)
一、无公害蔬菜生产中生产成本的核算 ……… (183)
二、无公害蔬菜生产中人工费用的核算 ……… (183)
三、无公害蔬菜产品的成本核算 ……………… (183)
四、无公害蔬菜收成核算 ……………………… (184)
五、无公害蔬菜利润核算 ……………………… (184)
第二节　蔬菜市场营销 ………………………………… (185)
一、无公害蔬菜营销特点 ……………………… (186)
二、制订计划 …………………………………… (186)
三、无公害蔬菜营销策略 ……………………… (189)

主要参考文献 …………………………………………… (191)

第一章 无公害蔬菜栽培概述

第一节 无公害蔬菜的概念

一、无公害蔬菜的概念

自然界中绝对"无污染""无公害"的蔬菜产品是不存在的,我们只能限制其污染的程度,使其在一定的标准规范下达到安全、优质、无公害的目标,有利于人们的身体健康。因此,我们所讲的无公害蔬菜,其实是一种污染性小、相对安全、优质、富含营养的蔬菜产品。

无公害蔬菜产品的生产要求其产地符合规定的生态环境标准,操作过程符合特定的生产标准,生产食品达到绿色食品的要求。中国绿色食品分为两级,即生产过程中不使用任何化学合成物质的 AA 级标准和允许在生产过程中使用限量的化学合成物质的 A 级标准。经过相关部门认定的符合要求的蔬菜产品,才可被认定为无公害蔬菜。

二、世界无公害蔬菜的发展现状

第二次世界大战之后,一些发达国家和地区为了提高产量,丰富产品,将化学农药、肥料、生长激素等物质投入到农业生产中,破坏了生态平衡。跨越 20 世纪,人们渐渐意识到保护生态平衡的重要性,为了既可以发展农业生产,又不使生态环境得到破坏,各个国家纷纷建立了一些协会和组织机构,以期达到一种生态、社会、经济共同发展的农业体系。在英语语系中该体系被称为"有机农业",在一些非英语语系中被称为"生态农业",在德国被称为"生物农业",在日本被称为"自然农业",我国将之称为"可持续农业"。

有数据表明,自 1989 年之后,无公害食品市场的规模一直在扩大,并以每年 20%的速度增长。有专家预测,从 1989 年开始有机食品的市场规模一直以每年 20%的速度增长,无公害食品将逐渐取代现有的常规食品,成为 21 世纪餐桌上的主导。

三、我国无公害蔬菜的发展现状

自从我国开展无公害蔬菜的研究生产以来,已经取得了一定的理论与实际相结合的研究成果,并研制了一批高效、无毒害的生物农药,总结了一套以生物防治为主的蔬菜病虫害综合防治技术。

第二节 无公害蔬菜栽培的意义

一、生产无公害蔬菜有益于人体健康

安全、优质的蔬菜产品可以保障人们的身体健康,如果蔬菜遭到污染,轻者导致疾病,严重者可造成死亡。

蔬菜中的硝酸盐进入人体后,过高的 NO_3 浓度容易产生高铁血红蛋白,使人体血液变成蓝黑色,导致人体因患蓝婴病(高铁血红蛋白症)而死亡。除此之外,硝酸盐还可以转化成为亚硝酸盐,成为致癌和致畸的亚硝酸胺,亚硝酸胺通过蔬菜进入人体,将会给人带来极大的伤害。

世界卫生组织和联合国粮农组织制定了食品中硝酸盐的含量标准,即每天硝酸盐和亚硝酸盐的摄入量分别为每千克 5 毫克和 0.2 毫克。中国农业科学院生物防治研究所建议中国蔬菜中硝酸盐的含量可分为 4 级标准,见表 1-1。

表 1-1 蔬菜中硝酸盐含量的分级标准

项目	一级	二级	三级	四级
NO_3^--N(毫克/千克)	≤432	≤785	≤1 440	≤3 100
程度	轻度	中度	高度	严重
卫生标准	允许	不宜生食,熟食、盐渍可以	可以生食,盐渍、熟食可以	不允许

由此可见，生产无公害优质的蔬菜产品才能有益于人体健康。

二、生产无公害蔬菜可以增加农民收入和农业效益

随着居民生活水平的提高，人们对蔬菜质量的要求越来越高，无公害蔬菜恰恰满足了人们这种需求，因此越来越受到人们喜爱。现如今，市场上的蔬菜质量相对较差，不能很好地适应人们的需求，对于城市蔬菜产业来说，无公害蔬菜产业的发展对提高蔬菜质量、适应高要求的市场很有必要。同时，市场研究表明，无公害蔬菜比普通蔬菜价格平均高出20%，因此发展无公害蔬菜可以提高农民的收入。目前，我国一些大城市开始实行市场准入制，没有获得无公害农产品认证的农产品得不到进入市场，因此，为了增加农业效益，促进农村经济稳步发展，必须积极地开展无公害蔬菜的产地认证和产品认证。

三、生产无公害蔬菜有利于外销

改革开放以后，我国蔬菜栽培面积越来越大，蔬菜产量不断增加，蔬菜栽培得到了良好的发展。随着国内市场的饱和，开拓国际市场是发展蔬菜经济的有效途径之一。然而我国蔬菜栽培中出现的公害问题严重影响了蔬菜的出口创汇。目前，蔬菜出口的主体市场都有自己的相应标准，而中国出口的一些肉类、鱼类、茶叶、蔬菜却因为农药和重金属等有害有毒物质残留超标被拒收，许多出口蔬菜产品被迫退出国际市场。因此，只有发展符合出口标准的无公害蔬菜才能提高蔬菜的质量，有利于外销。

第二章 无公害蔬菜栽培技术

根据国家对绿色食品生产的要求,按照无公害蔬菜栽培的技术标准,在科学实验和栽培实践的基础上,本章具体介绍30种蔬菜的无公害栽培技术。主要内容包括:运用生物、物理、农业措施防治蔬菜病虫害,大幅度减少化学农药用量;应大量使用农家有机肥,尽量少用化肥;限量使用某些低毒农药、植物生长调节剂和化肥,严防蔬菜受到公害污染;防止大气、土壤和水源污染,保持良好的蔬菜生态环境;严格掌握使用化肥、农药的安全间隔期,确保蔬菜体内的有毒残留物质符合国家规定的标准;加强检疫和检测工作,确保上市蔬菜符合绿色食品质量和卫生标准。以上这些无公害蔬菜的栽培技术,贯穿和渗透在以下30种蔬菜的具体栽培实践中,形成了蔬菜常规栽培与蔬菜无公害栽培的紧密结合,具有很强的可操作性。

第一节 瓜类蔬菜无公害栽培技术

一、黄瓜

黄瓜,又称王瓜、胡瓜。

(一)生物学特性

1. 形态特征

黄瓜属于葫芦科1年生蔓生植物。浅根系,根量少而且易木质化,不易出现再生根,根的好气性强,而且茎节上易产生不定根。茎为细长攀缘蔓生,有刚毛,茎五棱,中空,茎节有分枝或卷须。叶片深绿色,呈五角形,叶缘有缺刻,叶片和叶柄上有刺毛。花黄色,雌雄同株异花,有单性结实习性,筒状花冠,多在早晨5时30分至6时30分开花。果实为假浆果,外皮绿色或黄绿色，有瘤刺，果实呈长筒形或棒状，含有苦瓜素。种子扁平，长椭圆形，黄白色，千粒重22~43克。

2. 对环境条件的要求

黄瓜喜温喜湿。对温度要求是：适应的气温范围为10~38℃，白天适温较高为25~32℃，夜间适温较低，为15~18℃。对水分的要求是：对水分很敏感，要求空气相对湿度为60%~90%；土壤必须潮湿，含水量达到田间最大持水量的70%~80%。对光照的要求是：光饱和点为5.5万勒克斯，光补偿点为2 000勒克斯。由于黄瓜为短日照作物，对日照的长短要求不严。在日照8~11小时条件下，有利于提早开花结实。对营养条件的要求是：黄瓜喜肥，氮、磷、钾肥必须配合施用。每生产1 000千克黄瓜，需氮1.7千克、磷0.99千克、钾3.49千克，而且在结瓜期需肥量占总需肥量的80%以上。在光合作用进行过程中，对二氧化碳很敏感。对土壤条件的要求是：适于疏松肥沃透气良好的沙壤土，土壤酸碱度以氢离子浓度100~3 163纳摩/升（pH值5.5~7.0）为宜。

（二）育苗技术

1. 播种育苗期

黄瓜露地栽培，必须在无霜期内进行。可长年栽培生产，每茬生长期100~150天，育苗期30~65天不等。一般春、夏茬在3—4月播种，5月开始采收；秋茬6—7月直播，并应采取遮阳降温措施。黄瓜温室栽培，必须选用耐低温、耐高湿、抗病、早熟的优良品种。秋冬茬一般在10—11月播种，12月定植；冬春茬一般在12月至翌年1月播种，2月定植。黄瓜大棚栽培，早春茬一般在12月至翌年1月播种，苗龄40~50天，3月定植。秋棚黄瓜一般在6—7月播种，苗龄30天左右，多数采用直播方式。由于秋棚黄瓜育苗期正值高温季节，除选择适宜品种外，还要在苗期采取遮阳降温措施。

2. 品种和播量

黄瓜品种很多。早熟品种有长春密刺、良丰密刺、津研6号、津杂1号、津杂2号、中农5号等。中早熟品种有吉杂1号、津研4号、冀东3号等。中晚熟品种有津研7号、唐山秋瓜等。一般冬天在保护地生产和春季生产，多用早熟品种。播种量以每亩* 200克左右为宜。

3. 种子消毒与催芽

先将种子用凉水浸泡3~5分钟，然后放在50℃的水中搅拌浸种8~10分钟；再用30℃水浸种4~5小时，而后用清水淘洗干净；接着在25~28℃的条件下保湿催芽15小时，每4~6小时用清水淘洗1次，当85%种子露白时即可播种。也可用40%甲醛150倍液浸种40~60分钟，然后用清水淘洗干净再催芽。还可用相当于种重量的0.3%的50%多菌灵拌种，不催芽，直接播种。

4. 栽培床土的配制与消毒

栽培床土的配制，可用30%腐熟马粪、10%腐熟大粪干、40%肥沃园田土、10%细沙、10%细炉渣混合配制成床土。也可用20%腐熟马粪、20%腐熟圈粪、10%腐熟大粪干、40%园田土、10%细炉灰，每立方米床土加入4千克过磷酸钙和1千克尿素，均匀混合后平铺到苗床里，籽苗床铺5厘米厚，成苗床铺10厘米厚。配制药土，40%多菌灵8~10克，掺细土5千克，或对水15升，均匀撒在1平方米育苗床内进行床土消毒。播种可在高温灭菌的沙盘里进行，也可播在装有营养土的纸袋里、营养钵里，或直接播在床土里。

（三）嫁接育苗技术

黄瓜嫁接是黄瓜根被南瓜根替换的栽培方式。由于南瓜根系发达，耐低温抗高温，不受土传病害感染，使黄瓜植株生长

---

* 1亩≈667平方米，1公顷=15亩。全书同

健壮,对多种病害特别是对枯萎病有预防效果,且早熟高产。黄瓜嫁接的方法很多,目前主要应用靠接法和插接法。

1. 靠接法

靠接法(图2-1)需要的工具有嫁接夹和刀片等。黄瓜嫁接的砧木多用亲和力强的黑籽南瓜。嫁接前,先播黄瓜,3~5天后播南瓜,南瓜播后10天左右,当黄瓜秧苗子叶展平,心叶长到0.5厘米左右,南瓜秧苗心叶长到1~2厘米,即可进行嫁接。

嫁接的方法:首先,用刀片将南瓜生长点从子叶处去掉,在南瓜生长点下0.5厘米处用刀片向下切30°角的切口,深度约为茎粗的1/2。黄瓜是将生长点下1.2~1.5厘米处向上切30°角的切口,深度为黄瓜茎粗的2/3。黄瓜、南瓜切口的斜面长度均约1厘米。要快而准地将接穗切口插进砧木切口内,并使砧木和接穗的一边对齐,使砧木和接穗的子叶互相垂直,接穗的子叶在上面。然后,用嫁接夹夹在接口处予以固定。最后将黄瓜秧苗的根用潮土培起来,立即送到保温、保湿、弱光的培养床内,扣上小拱棚进行培养。

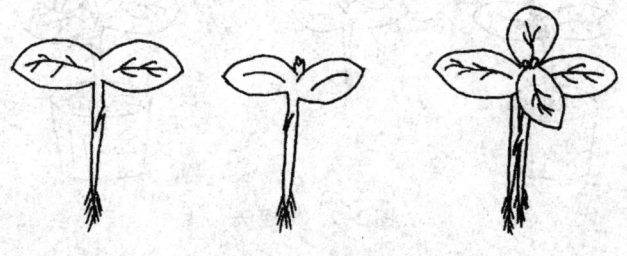

图2-1 靠接法

嫁接后的管理很重要,嫁接完的幼苗要随接随栽随浇水,并立即扣小拱棚覆盖。嫁接后3~5天内白天保持25~28℃,夜间18~20℃,要求床土温度20~22℃,空气相对湿度98%~100%(叶片和塑料膜上要保持有小露珠),如需喷水,要预防污染切口；光照方面，接后3天内只可见弱光，中午要用草苫遮光，以后逐渐增大见光量。3~5天后，开始通风，并逐渐降低温度；白天可降至22~24℃，夜间降至12~15℃。小拱棚内相对湿度控制在80%左右。7天后可不再遮光，逐渐降温、降湿、通风。嫁接后10~15天，如长出新叶，证明接口愈合，嫁接成功。这时，可在嫁接夹下方将接穗的茎用手捏一下，破坏其输导组织，3天后可将接穗断根，20天后可去掉嫁接夹。同时，在管理中，要随时去掉南瓜的萌蘖和萌芽。

2. 插接法

插接法（图2-2）需要的工具有竹签和刀片。要求竹签的粗度与黄瓜茎粗相同，一般宽度为3~4毫米，厚约2毫米，长度为3~4厘米，竹签一端削成呈30°角的斜面，斜面长度约1厘米。用插接法嫁接，黑籽南瓜应提前4~5天播种。插接的适宜时期是在接穗播种后7天左右。此时砧木的第一片真叶有手指肚大小，接穗的子叶刚展开。

图2-2　插接法

嫁接的方法：首先，先把南瓜的真叶和生长点用竹签剔掉，用竹签从南瓜的一侧子叶之上向对侧子叶中脉基部的胚茎斜下方扎一深0.6~0.7毫米的插孔，注意不要插透胚茎外表皮，更不要角度过直而插在胚茎的髓腔内。然后，手在黄瓜苗子叶下方约1厘米处向下斜切一刀，刀口深至茎粗的2/3，长0.6~0.8厘米，再在其对面斜切一刀，使胚茎下部断掉而上段成一两面有切口的楔形。这时,从砧木上拔出竹签,将接穗立即插入插孔中,并使接穗的子叶同砧木的子叶交叉呈"十"字形。

嫁接后的管理方法和要求,与靠接法相同。一般3天切口即可愈合,7天嫁接苗开始生长。要逐步降温、降湿,加大通风和光照;并要随时除掉南瓜的萌蘖和萌芽,以保证接穗的营养供应。

(四) 适时定植

1. 定植期

黄瓜属于喜温作物,因而其定植期必须选在温暖时期,或创造出温暖环境再定植。露地生产,必须在终霜期过后的5月进行,一般在10厘米土温稳定在12℃以上,气温在18~20℃时定植。如果地膜覆盖,可提前1周定植;如果在大棚内定植,可提前15~20天。如果在温室内定植,必须掌握10厘米土温在12℃以上,气温在20℃左右,而且要事先整地。

2. 定植前整地

黄瓜是喜水喜肥作物,而且根的再生力弱,因此,要求耕作土层深厚,排灌良好,土质肥沃,属于中性或微酸性土壤。每生产1 000千克黄瓜需氮1.7千克、磷0.99千克、钾3.49千克。此外,还需氧化钙3.1千克、氧化镁0.7千克和适量的二氧化碳。因此,应在多次深翻熟化土壤的基础上,每亩施腐熟的优质粗肥1万千克、磷酸二铵50千克。深翻后,做成高畦或大垄皆可。一般畦(垄)宽100厘米,高10厘米。如果在棚室内生产,畦(垄)上面应覆地膜,地膜下应留水沟,以备进行膜下暗灌。这样,可以减少棚室内的湿度,减少病虫害发生。

3. 定植方法

在冬春季棚室内定植,必须选冷尾暖头(一般冬天冷4天再暖3天,即选择冷的第4天为暖的第1天俗称冷尾暖头),应该在冷尾暖头的晴天中午开始定植。在夏天或气温高时定植,则应选阴天或下午定植,这样有利于缓苗成活。定植采用大垄

（畦）双行、内紧外松的方法，这样既有利于通风透光、又便于田间作业。每垄（畦）栽2行，小行距为45厘米，株距30厘米，每亩4 000株。如果采用嫁接苗定植，应采用120厘米宽畦（大垄），小行距55厘米，株距40厘米，每亩2 800株左右。定植时，用打孔器按一定株行距打穴眼，然后放进带土坨的壮秧。随后浇水（冬季浇温水），以水能洇透土坨为度。栽的深度，可稍露土坨，要求嫁接苗切口处不可有土。水渗下后应及时封埯。在冬季和春季定植后，为了保温，还可扣小拱棚。在夏季定植，为防止高温、强光照和雨水冲刷，应支遮阳网或遮阳棚。

（五）田间管理

1. 缓苗前后管理

定植后，要调节气温，保持在25~28℃，并保持土壤潮湿。一般经3~5天后，可看到心叶见长，而且出现新根，则证明缓苗成功。这时，应降温、降湿，控温在20~25℃，并适当通风降湿。露地生产，则要通过锄耪松土，降湿蹲苗。蹲苗期约1周，瓜秧开始甩蔓。这时，应结合追肥（亩施尿素10千克），浇1次提秧水。棚室内生产，要进行扎眼施穴肥，实行膜下暗灌水，随后则插架绑蔓。为了不影响光照，应采用吊蔓法，即在棚室顶部正对着秧苗吊一条细绳，然后将瓜蔓盘到绳上。

2. 水肥管理

插架和吊蔓后，直至根瓜长到5~8厘米长的这段时间，只进行绑蔓、引蔓和除草等田间管理。当根瓜长到10厘米左右时，是营养生长与生殖生长同时进行时期，要加强水肥管理。每亩可施饼肥200千克，或施尿素15千克，以促秧结瓜。此后，则每3~5天浇1次水，每2次浇水之间追1次肥。每次施用尿素15千克，可用随水施肥方法。同时，土壤要保持湿润。当发现新生叶片黄绿，瓜条膨大缓慢时，可以进行叶面喷肥，用0.2%磷酸二氢钾，或用0.2%白糖水加0.2%尿素喷施叶面（每亩用药液70千克)。在喷药防治病虫害的同时,也可加入适量的叶面肥。此外,进入结瓜期以后,对于棚室内生产的黄瓜,应适当增加二氧化碳气肥,使棚室内空气中的二氧化碳浓度,由300微升/升增加到1 200微升/升。这样,黄瓜的产量可增加50%~100%。二氧化碳气肥的来源,可由燃烧沼气生成,也可由碳酸氢铵与硫酸进行化学反应生成。

3. 植株调整

除插架和绑蔓外,还要及时去掉卷须和多余的侧枝。对于主侧蔓都可结瓜的品种,当侧蔓结1~2条瓜后,留3片叶就可打尖,这样有利于通风透光。在棚室内生产,由于棚室高度所限,主蔓在25片叶时就可打尖。另外,由于黄瓜叶片的光合能力只有30天左右,所以如果枝叶过密,应适当摘去下部的老叶。

4. 适时采收

黄瓜只要水肥充足,在适宜的温度和光照下,瓜条生长膨大得较快,有的一昼夜可长3~5厘米。因此,必须及时采收,只要达到商品成熟度就可采收。在冬、春季生产黄瓜,如有降温天气、连阴雨、雪天,或发现有脱肥现象时,应提前采收。特别是对根瓜应该早摘,因为根瓜的生长,直接影响到其他瓜的发育。另外,对于畸形瓜,如螺旋瓜、尖嘴瓜及大肚瓜等,必须及早摘除,以减少营养消耗。

(六) 黄瓜生产历程

黄瓜生产历程,如表2-1所示。

表2-1 黄瓜生产历程

栽培形式	播种期	定植期	收获期
温室秋冬茬	9月下旬至10月下旬	10月下旬至11月下旬	12月上旬至翌年2月下旬

(续表)

栽培形式	播种期	定植期	收获期
温室冬春茬	12月中旬至翌年1月上旬	2月上旬至2月下旬	3月上旬至5月下旬
春大棚	1月下旬至2月上旬	3月下旬至4月上旬	4月下旬至7月下旬
早春地膜	2月下旬至3月下旬	4月下旬至5月上旬	5月下旬至7月下旬
春露地	4月上中旬	5月上中旬	6月中旬至8月下旬
夏播	6月下旬至7月上旬	直播	8月上旬至9月下旬
秋大棚	7月中下旬	直播	8月下旬至10月下旬

（七）病虫害防治

1. 黄瓜猝倒病（又称绵腐病、卡脖子病、小脚瘟）

（1）发病条件。属于真菌性土传病害。病菌以卵孢子在12~18厘米土层越冬，并在土中长期存活。病菌生长适宜地温15~16℃，温度高于30℃受到抑制；适宜发病地温10℃，低温对寄主生长不利，但病菌尚能活动，尤其是育苗期出现低温、高湿条件，利于发病。在有雨、有水条件下传播较快。一般在1~3片叶的幼苗期易发病。结果期阴雨连绵，果实易染病。

（2）主要症状。茎基部有水浸状病斑，后逐渐变成黄褐色，并逐渐干枯，呈现线状，往往子叶尚未凋萎，幼苗即突然猝倒，致幼苗贴伏地面，有时瓜苗出土胚轴和子叶已普遍腐烂，变褐枯死。湿度大时，病株附近长出白色棉絮状菌丝。果实发病多始于脐部，也有的从伤口侵入在其附近开始腐烂，病斑扩大，呈黄褐色，水渍状，大斑块腐烂，病瓜外表有白絮状菌丝。

（3）防治措施。一是种子和床土消毒。用30%苯噻氰乳油1 000倍液浸泡黄瓜种子6小时后带药催芽直至播种。床土应选用无病新土,如用旧园土,有带菌可能,应进行苗床土壤消毒。方法:每平方米苗床用95%恶霉灵原药1克对水3 000倍喷洒苗床,也可把1克95%恶霉灵原药对细土15~20千克或30%多·福可湿性粉剂4克或25%甲霜灵可湿性粉剂9克加70%代森锰锌可湿性粉剂1克对细土4~5千克拌匀,施药前先把苗床底水打好,且一次浇透,一般17~20厘米深,水渗下后,取1/3充分拌匀的药土撒在畦面上,播种后再把其余2/3药土覆盖在种子上面,即上覆下垫。如覆土厚度不够可补撒堰土使其达到适宜厚度,这样种子夹在药土中间,防效明显。二是营养土消毒。连年种植蔬菜的营养土,育苗时也要用95%恶霉灵原药每立方米营养土用1.5克,对水3 000倍液均匀喷洒营养土,拌匀后装盆或育苗盘再播种。三是加强苗床管理,选择地势高、地下水位低,排水好的地做苗床,播前一次灌足底水,出苗后尽量不浇水,必须浇水时一定选择晴天喷洒,不宜大水漫灌。四是育苗畦(床)及时放风、降湿,即使阴天或雨雪天气也要适时适量放风排湿,严防瓜苗徒长染病。五是果实发病重的地区,要采用高畦栽培,防止雨后积水。黄瓜定植后,前期宜少浇水,多中耕,注意及时插架,以减轻发病。六是发病初期喷淋30%苯噻氰乳油1 200倍液,每平方米喷淋对好的药液2~3升或15%恶霉灵水剂450倍液或3%甲霜·恶霉灵水剂1 000倍液。

2. 黄瓜沤根病(又称抽扦、烂根)

(1)发病条件。黄瓜沤根属于生理病害。主要是由于长期低地温和湿度太大,或遇连阴雨天气形成的低温高湿,而引起的病害。

(2)主要症状。主要表现为根皮发锈腐烂,地上部分萎蔫,叶缘变褐干枯,整个植株很容易拔起。

(3)防治措施。主要预防低地温和高湿环境。可采用电热线育苗,或用小拱棚保温;在保护地内,要进行膜下暗灌和高垄高畦栽培,并要适当通风散湿;遇有连阴雨天气,不可浇水;防治传染性病虫害,应用粉尘剂或烟剂,以降低棚室内湿度。

对于无地膜覆盖的植株，要经常锄耪松土，以提高地温，促发新根。此外，还应设法增强植株抗性，如增施磷、钾肥，叶面喷磷酸二氢钾和白糖水（浓度以 0.2%～0.5%为宜），以抵御病害的发生（每亩用药液 50 千克）。

3. 黄瓜立枯病（又称死苗或霉根）

（1）发病条件。立枯病属于真菌性病害，通过土壤传播。在高温高湿或高温干旱条件下，都易引起这种病害蔓延；在苗期，由于炭疽病菌的侵入，也易引发此病。

（2）主要症状。立枯病的主要症状是，在茎基部或地下根部，出现椭圆形暗褐色凹陷斑，扩展后绕茎 1 周，使茎萎缩干枯而死亡，但死而不倒，故称立枯病。症状进一步发展，则根茎皮层呈褐色，并逐渐腐烂，同时病斑处有不太明显的淡褐色轮纹状或蛛丝状霉状物。

（3）防治措施。立枯病的防治，可以参考沤根病的防治。此外，在立枯病初期，还可用 15%恶霉灵水剂 400 倍液喷雾或 95%恶霉灵原药 3 000 倍液或 30%苯噻氰乳油 1 200 倍液，每平方米 2～3 升。在播种前，可进行土壤消毒，消毒方法可参考猝倒病的防治。

瓜类和茄果类的蔬菜苗期病害，主要是猝倒病。

4. 黄瓜疫病

（1）发病条件。黄瓜疫病属于真菌性土传病害。病菌在土壤里或病残体上越冬，通过根和叶片侵染植株，借风、雨、灌溉水传播蔓延。发病适温 28～30℃，在适温范围内，土壤水分是此病流行的决定因素。因此，凡雨季来临早、雨量大、雨日多的年份或浇水过多发病早，传播蔓延快，为害也重。地势低洼、排水不良、浇水过勤的黏土地发病重。连作地、田园不清洁及施用带病残物或未腐熟的厩肥易发病。

（2）主要症状。黄瓜疫病主要为害叶片、茎和果实。病叶有水浸斑，干燥时呈青白色，且易破碎，或者叶片下垂；病茎的基部有暗绿色水渍斑，后期病斑缢缩，使基上部茎叶枯死；病瓜条上有水浸状缢缩凹陷斑，潮湿时易长出白霉，有的腐烂，并有腥臭味。

（3）防治措施。一是选用耐疫病品种。如保护地用中农5号、保护地1号、保护地2号、长春密刺等，露地选用湘黄瓜4号、湘黄瓜5号、早青2号、中农1101、京旭2号、津杂3号、津杂4号等。二是嫁接防病。可用黑籽南瓜或南砧1号做砧木与黄瓜嫁接，可防疫病及枯萎病。三是苗床或大棚土壤处理。每平方米苗床用25%甲霜灵可湿性粉剂8克与适量土拌匀撒在苗床上，大棚于定植前用25%甲霜灵可湿性粉剂750倍液喷淋地面。四是药剂浸种。72.2%霜霉威水剂或25%甲霜灵可湿性粉剂800倍液浸种半小时后催芽。五是与非瓜类作物实行5年以上轮作，而且最好接辣茬作物，如接葱茬、韭菜茬等；覆盖地膜阻挡土壤中病菌溅附到植株上，减少侵染机会。六是加强田间管理。采用深沟高畦栽植，开好三沟，明水能排，暗水能滤，雨后沟干，避免积水。苗期控制浇水，结瓜后做到见干见湿，发现疫病后，浇水减到最低量，控制病情扩展。但进入结瓜盛期要及时供给所需水量，严禁雨前浇水。做到及时检查，发现中心病株，拔除深埋。七是药剂防治。在测报基础上于发病前开始喷药，尤其雨季到来之前先喷1次预防，雨后发现中心病株及时拔除后，立即喷洒或浇灌70%乙铝·锰锌可湿性粉剂500倍液或72.2%霜霉威水剂600~700倍液或72%霜脲·锰锌可湿性粉剂700倍液或78%波尔·锰锌可湿性粉剂500倍液或56%霜霉清可湿性粉剂700倍液或69%烯酰·锰锌可湿性粉剂600倍液或60%锰锌·氟吗啉可湿性粉剂750倍液或25%甲霜灵可湿性粉剂800倍液加40%福美双可湿性粉剂800倍液灌根，隔7~10天1次，病情严重时可缩短至5天，连续防治3~4次。使用霜霉威的采收前3天停止用药。

5. 黄瓜黑星病

（1）发病条件。黄瓜黑星病为真菌性病害，属于检疫对象。

病菌在土壤或病残体上越冬，而且种子带菌，病菌可通过带菌的种子传染植株，或通过植株表皮、气孔或伤口侵入，借助引种播种，或田间管理进行传播。当气温在15~25℃、空气相对湿度大于90%时，易流行黑星病。

（2）主要症状。黄瓜黑星病可为害叶片、茎和果实。幼苗染病，真叶较子叶敏感，子叶上产生黄白色近圆形斑，发展后引致全叶干枯。病叶有圆形污染斑，后期形成边缘有黄晕的星星状孔洞。病茎有水浸状暗绿椭圆形病斑，后期凹陷龟裂，潮湿时生黑霉层，而且在卷须与生长点（龙头）出现腐烂。病果有暗绿色凹陷疮痂斑，有时流有褐黄色胶状物。

（3）防治措施。一是选用抗病品种，如中农9号、12号，中农201、202，春光2号，青杂1号、2号，津春1号，中农13号、11号、7号，白头霜，吉杂2号等。二是选留无病种子。做到从无病棚、无病株上留种，采用冰冻滤纸法检验种子是否带菌。三是温汤或药剂浸种。用55~60℃温水浸种15分钟，或50%多菌灵可湿性粉剂500倍液浸种20分钟后冲净再催芽，或用0.3%的50%多菌灵可湿性粉剂拌种，均可取得良好的杀菌效果。四是覆盖地膜，采用滴灌等节水技术，轮作倒茬，重病棚（田）应与非瓜类作物进行轮作。五是熏蒸消毒。温室、塑料棚定植前10天，每55平方米空间用硫黄粉0.13千克、锯末0.25千克混合后分放数处，点燃后密闭大棚，熏1夜。六是加强栽培管理。尤其定植后至结瓜期控制浇水十分重要。保护地栽培尤其要注意温湿度管理，采用通风排湿、控制灌水等措施降低棚内湿度，减少叶面结露，抑制病菌萌发和侵入。七是喷雾防治。棚室或露地发病初期喷洒40%氟硅唑乳油4 000倍液或62.25%锰锌·腈菌唑可湿性粉剂600倍液或78%波尔·锰锌可湿性粉剂600倍液或2%武夷菌素水剂150倍液加50%多菌灵可湿性粉剂600倍液或75%百菌清可湿生粉剂600倍液。每亩喷药液60~65升，隔7~10天1次，连续防治3~4次。八是加强检疫，严防此病传播蔓延。使用多菌灵的采收前7天停止用药。

6. 黄瓜白粉病

(1) 发病条件。黄瓜白粉病属于真菌性病害。病菌在瓜类植物的残体上越冬,借风和雨水传播,在高温高湿或干旱环境条件下易流行。

(2) 主要症状。叶片布满白粉,后期变成灰色,病叶枯黄。

(3) 防治措施一是选用抗病、耐病品种。如津优1号、2号、4号、5号、10号、20号、30号,中农6号、8号、12号,中农201、202,津春4号、5号,北京101、102、203,保护地1号、2号,津杂1号、2号、3号、4号,津早3号,津研2号、4号、6号、7号,中农1101,山农1号无籽黄瓜,鲁黄1号,早丰1号,济南密刺,郑黄2号,春丰2号,宁丰1号、2号等品种较抗白粉病,可因地制宜选用。二是生物防治。喷洒2%嘧啶核苷类抗菌素或2%武夷霉素水剂200倍液,隔6~7天再防1次,防效90%以上。发病初期提倡喷洒3%多抗霉素水剂600~900倍液,隔7天1次。三是物理防治。采用27%高脂膜乳剂80倍液,于发病初期喷洒在叶片上,形成一层薄膜,不仅可防止病菌侵入,还可造成缺氧条件下使白粉菌死亡。一般隔5~6天喷1次,连续喷3~4次。四是药剂防治。发病初期喷洒45%噻菌灵悬浮剂1 000倍液或40%氟硅唑乳油4 000倍液或30%氟菌唑可湿性粉剂1 500~2 000倍液或40%硫黄·多菌灵悬浮剂600倍液,对上述杀菌剂产生抗药性的地区改用12.5%腈菌唑乳油2 000倍液或62.25%锰锌·腈菌唑可湿性粉剂600倍液或10%恶醚唑水分散粒剂3 000倍液加75%百菌清可湿性粉剂600倍液混用防效优异。

二、冬瓜

冬瓜,又称枕瓜。

(一) 生物学特性

1. 形态特征

冬瓜属于葫芦科1年生蔓生植物。冬瓜根系发达,吸收力强,茎五棱、中空,蔓生,绿色,有茸毛,茎节上有卷须,叶腋可抽生侧蔓。叶片大,掌状浅裂,有叶柄和茸毛。花为黄色大花,雌雄同株异花,一般早晨开花。果实为扁圆或椭圆形的瓠果,幼嫩果有茸毛,成熟果实绿皮,有蜡粉和茸毛。种子呈乳黄色、椭圆形,千粒重80~100克。

2. 对环境条件要求

冬瓜是喜温耐热蔬菜,种子发芽的适温在30℃左右,生长期适温在22~28℃,其中以25℃最好。冬瓜对光照要求不严,但幼苗期处在16℃左右的温度下,11小时以下日照,则不但开花早,而且开雌花的节位低,一般第五至第六节就有雌花。冬瓜根系发达,吸收力强,所以比较耐旱。同时,因茎叶茂盛,蒸腾力强,因此需水较多。在坐果以后需肥剧增,每生产1 000千克冬瓜,需氮3~6千克、磷2~3千克、钾2~3千克。冬瓜喜富含有机质的肥沃壤土。

(二) 育苗技术

1. 确定播种育苗期

因冬瓜喜温耐热,我国北方露地栽培较晚,在保护地里一般于4月育苗,5月定植,在露地直播于5月开始。

2. 选择品种和确定播量

冬瓜的早熟品种有一窝蜂、一串铃、五叶子冬瓜等;晚熟品种有青皮、车头、北京地冬瓜和玉林大石瓜等。目前,在生产中多选用早熟的小冬瓜,如选用一串铃冬瓜等。育苗每亩播种量在300克左右。

3. 种子消毒与催芽

冬瓜种子皮厚,而且有角质层,不易吸水。因而,在催芽前,应在80℃水中搅拌烫种10分钟,然后在30℃水中浸泡8~10小时。随后,用清水淘洗干净,放在25~30℃条件下保湿催芽,每6小时用温清水淘洗1次。一般经3~5天即可发芽,当芽长到相当于种子长度一半时,播种最好。

4. 配制床土

选用肥沃的园田土 4 份,腐熟的马粪 3 份,细炉渣或细沙 2 份,腐熟的大粪干粉 1 份,每立方米床土再加复合肥 5 千克,充分进行混合均匀后,装进营养钵或纸袋,摆在苗床里即可。

5. 播种与秧苗管理

适宜在床土 20℃ 以上、气温 25℃ 以上时播种。先用温水浇透苗床,再普撒 0.5 厘米厚细土就可播种。每个营养钵或纸袋内播 1 粒发芽种子,再撒细床土 1~2 厘米厚,随后覆盖塑料膜保温保湿。一般 3~5 天即可出苗,出苗后揭开塑料膜,适当降温降湿。控制土温在 18℃ 左右,控制气温在 23~25℃。在长到 1.5~2.5 片真叶开始进行花芽分化期间,应满足低温短日照的条件,以降低第一雌花的节位。尤其是夜间气温应控制在 16℃ 左右,白天应在 22℃ 左右,光照时间应在 11 小时以下。花芽分化期以后,转入正常的温湿度管理,并在定植前达到壮秧标准。

6. 冬瓜的壮苗标准

苗龄 35~40 天,株高 15 厘米左右,3~4 片真叶,叶大色浓绿,根系发达,植株无病虫害、无机械损伤。

7. 育苗中注意事项

由于冬瓜秧苗木质化较早,所以苗龄不宜过大,否则缓苗慢,不易生根;苗期不可过度蹲苗,以防出现小老苗;苗期开始就需要较多磷肥,因此要对床土增施磷肥。由于冬瓜耐热耐湿,要求强光照,所以多在春季开始育苗;冬瓜枯萎病较严重,需要进行嫁接育苗,嫁接的砧木用南瓜,嫁接的方法同黄瓜嫁接一样。

(三) 定植与田间管理

1. 施肥整地

首先,每亩施腐熟基肥 10 000 千克左右、过磷酸钙 50 千克左右,普撒后耕翻30厘米深,接着平整做畦,畦宽1.6米,随后覆膜烤地。

2. 适时定植

当地温达到18℃,气温达到25℃,就可移苗定植。每畦2行,小行距70厘米,株距50厘米,按株行距打孔栽苗,然后浇透坐苗水,待水渗下后覆土封埯。也可栽苗后就及时封埯,稍镇压后按畦浇水。一般3天即可缓苗,缓苗后中耕松土,促进生根。

3. 田间管理

开花前浇促秧水,并每亩追施尿素10千克(距植株根15厘米处刨坑穴施),随后插高架引蔓,或每株支1个三角架进行盘蔓(大冬瓜多用此法)。开花结瓜后要压蔓疏蔓,在对大冬瓜盘蔓前先就地用土压蔓,每隔两节压一道蔓,压一圈后再往三角架上引蔓。每株大冬瓜只在主蔓上留两个瓜,一般留第二和第四个瓜,其余摘掉(疏掉)。除了结瓜主蔓旁留一侧蔓外,其余侧蔓全部摘掉。对小型冬瓜,要插高架,不去侧蔓,每株上可有多个果实。

冬瓜植株从开花到结出第一个瓜的初期都不浇水,只有当瓜大于10厘米,而且已经坐住时,再开始浇水,并同时追肥。对于不打算留的瓜,应及早采收,以保证留瓜的充足营养。另外,畦内不可积水,防止雨后涝园。

冬瓜在夏季仍可正常生长,为预防日灼病,可用青草将瓜盖上。有的瓜贴地生长,易受虫害或积水烂瓜,可用砖、石、草把将瓜垫起来。为了保花保瓜,还应进行人工授粉。

(四)适时采收

冬瓜由开花到成熟需40天左右,小型冬瓜达到商品成熟期就可采收,大型冬瓜必须达到生理成熟期才能收获。收获时,用剪刀从果柄处剪下,一般每亩产量可达8 000千克左右。

(五)病虫害防治

1. 疫病防治

应选用抗病的青皮品种,还要进行 3 年以上菜田轮作;增施磷、钾肥,适当控制氮肥;要及时排水防涝;发病初期可喷施 50% 多菌灵可湿性粉剂 800 倍液。

2. 蚜虫防治

可用银灰膜驱蚜,或用黄色机油板诱杀,也可用药剂防治,具体方法参考黄瓜蚜虫防治措施。

(六)冬瓜生产历程

冬瓜生产历程,如表 2-2 所示。

表 2-2 冬瓜生产历程

栽培形式	播种期	定植期	采收期
温室春茬	12 月中下旬	翌年 2 月下旬	4 月下旬至 6 月上旬
春阳畦	1 月上中旬	3 月上中旬	5 月上旬至 6 月中旬
春大棚	2 月中下旬	3 月下旬至 4 月上旬	5 月中旬至 6 月下旬
早春露地	3 月下旬至 4 月中旬	5 月中下旬	7 月上旬至 8 月中旬
春露地	4 月下旬至 5 月上旬	5 月下旬至 6 月上旬	7 月中旬至 8 月下旬
夏播	5 月上中旬	6 月上中旬	7 月下旬至 9 月中旬

三、苦瓜

苦瓜,又称凉瓜、癞瓜、锦荔枝。

(一) 生物学特性

1. 形态特征

苦瓜属于葫芦科 1 年生攀缘草本植物,具有特殊苦味。苦瓜根系发达,侧根较多;茎蔓绿色,被生茸毛,茎有 5 条纵棱,茎节上多生卷须和侧蔓。初生叶片绿色呈盾形对生,以后出生的真叶为绿色呈掌状深裂,叶片互生,有叶柄。花为钟形雌雄同株异花,黄色并具有长花柄。果实为圆锥形或纺锤形,呈绿白色,果表面有纵棱或有白绿瘤状突起,成熟时果肉开裂,露出橙黄色种子、鲜红色果肉,果肉味甜可生食。种子皮厚而坚硬,种皮有花纹,千粒重 170 克左右。

2. 对环境条件的要求

苦瓜喜温耐热,种子发芽适温 30~35℃,幼苗生长适温 24℃左右,开花结果期适温 28℃左右。在气温 15℃以下,则生长缓慢,发芽困难。气温高于 30℃和低于 15℃时,对苦瓜的生长和结果都不利。苦瓜喜湿而不耐涝,生长期需要保持土壤潮湿,空气相对湿度应在 80%~90%。苦瓜属于短日照作物,喜光而不耐阴,开花期需要强光照,光照充足有利于果实发育。苦瓜喜肥耐肥,喜富含有机质的肥沃园田土壤。

(二) 品种与类型

一般按果形,苦瓜分为两大类:果形长而大的为大苦瓜,如大白苦瓜、长白苦瓜、广州大顶、青苦瓜等;果实短而粗的为小苦瓜,其果实多为短纺锤形,皮厚、籽多、产量低,不适于栽培。

(三) 播种育苗

苦瓜种植多采用直播法,也可育苗定植,一般在 4 月中旬育苗。

苦瓜虽然种皮厚而坚硬,但因其吸水力强,所以可以干种直播,不必进行浸种催芽。也可用 50℃左右的水搅拌浸种 20 分钟,然后在28℃水中浸泡3~4小时,搓洗干净后在28℃气温条件下保湿催芽。一般3~5天即可出芽,然后就可在床土或营养钵内播种(床土配制参考黄瓜的床土配制)。每亩用种量800克左右。播种后放在28℃条件下保湿育苗,3天后即可出苗。出苗后适当降温降湿,把气温调控到25~28℃为宜。一般苗龄20天左右,幼苗长出2~3片真叶时就可定植。

(四) 定植及田间管理

幼苗定植前,先整地施肥,每亩施腐熟优质粗肥8 000千克、尿素15千克、复合肥30千克,普撒后耕翻做畦(畦宽1.5米),随后覆地膜绕地1周。当地温达到18℃以上,气温达到25℃左右时,即可定植(一般在5月中旬前后)。按每畦双行定植,行距80厘米,株距20厘米,打孔后栽苗,随后浇水封垵。也可在栽完后随即封垵,并稍加镇压,然后按畦浇水,以水洇湿畦面为宜。栽后还应及时覆膜、扣小拱棚,保持气温在28℃左右。在土壤湿润的情况下,经4~6天即可缓苗。缓苗后,可适当降温至25℃,并放风降湿。不覆膜的幼苗,可中耕松土,促进生根。

当幼苗长出5~6叶时,开始甩蔓,这时可以浇水插高架,然后绑蔓。苦瓜以主蔓结瓜为主,应及时摘掉侧蔓,以发挥主蔓的优势。在开花期,可结合施肥对根部进行培土。当根瓜长到3厘米以后,应加强水肥管理,除保持土壤潮湿外,每半月应追1次肥水,每亩施尿素15千克。以后每采摘1次,就要追1次肥水。平时畦内不可积水,夏季热雨过后涝浇园。

(五) 适时采收

当苦瓜的果实充分长大,瓜肩瘤状物突起增大,瘤沟变浅,瓜尖干滑,皮层鲜绿或呈乳白色、并有光泽时,即可采收嫩果,根瓜可适当早摘。对于留种的成熟老瓜,也应适时采收,以防雨水过大或暴晒开裂。每亩产量一般在1 500~2 500千克。

(六) 病虫害防治

防治苦瓜炭疽病，应先摘除烂叶和重病叶，然后喷等量式波尔多液，或喷75%百菌清可湿性粉剂600倍液（每亩用药液80千克），同时摘除病重的苦瓜。

防治苦瓜食蝇，最好在幼虫还未钻进果里的时候，喷施20%氰戊菊酯乳油6 000倍液防治。

四、南瓜

南瓜是葫芦科南瓜属1年生蔓性草本植物。南瓜在我国既当菜又当粮，有着广泛的食用群体。近年来，人们发现南瓜具有较高的营养价值和药用价值，因此南瓜系列产品如雨后春笋相继问世，人们对南瓜的市场需求也在不断的增加，故一些科研单位引进国外良种，使南瓜的品质和产量有了较大提高，南瓜的栽培面积也在逐年扩大。

(一) 生产基地环境条件

选择地势较高、排水良好、土质疏松及透气性好的地块，远离工矿企业和公路铁路主干线，避开工业和城市生活污染源的影响。最好是砂壤土和轻壤土，pH值为5.5~6.8。低洼易涝的地块不宜种植南瓜。最好前茬作物为谷科或豆科作物田块，忌与葫芦科及茄科作物重、迎茬，以免土传病害严重发生。

(二) 整地施肥

精细整地。整地前，每亩施优质农家肥4 000~5 000千克、磷酸二铵20千克，有条件的还可施生物菌肥。一般采用底肥一次性施入，要深翻，使土肥均匀。禁止使用未经国家和省农业部门登记的化学肥料或生物肥料，禁止使用硝态氮肥。起垄距离为60~120厘米，可以根据垄距采取窄畦单行或宽畦双行等种植方案。

(三) 播种

1. 品种选择

选择早熟、高产、耐旱、抗性强、商品性好的品种,如爱碧斯、红栗、日本黑皮南瓜和迷你等。

2. 浸种催芽

将种子放入55~60℃水中,不停地向同一方向搅动至水温降到30℃时停止,浸泡3~5小时,取出后用湿布或毛巾包好,催芽,种子露白后即可播种。

3. 播种时间

要使幼苗出土时躲过终霜,当地温稳定在15℃左右,气温稳定在10℃以上,极端最低温不低于5℃,播催芽种子。一般在5月中旬播种。

4. 播种覆膜

一般行距120厘米,株距50厘米,利于通风透光及防病。先在穴内浇水,水渗后每穴平放2~3粒种子,种芽朝下,覆盖2~3厘米细土,有条件的可覆盖地膜。覆膜时,必须打碎坷垃,使地膜紧贴垄面,四周绷紧,压入土中,达到紧、平、实的标准,否则地膜作用不明显。

(四) 田间管理

1. 间苗、定苗

当瓜苗大部分出土并且发出1片真叶时,进行第1次间苗,拔除病苗、弱苗、畸形苗,及时补苗,保证全苗,每穴最好留2株壮苗。待瓜苗长出3~4片真叶时进行第2次间苗,每穴留1株即可。

2. 中耕除草

南瓜的整个生育期都要锄草,杂草不但和南瓜争水、争肥、争光照,而且还是害虫藏匿之处,给南瓜病害的传播带来危害。

南瓜的生长前期及时中耕可以增加土壤温度，抗旱保墒，还有利于碳水化合物的产生，从而增强长势。

3. 整枝、压蔓和留瓜

要及时进行整枝打杈，整枝时选留植株基部健壮主蔓，待植株坐瓜后可停止整枝。植株倒蔓后要及时把蔓理顺拉直，当主蔓长到40~50厘米时开始压蔓，每5~6节压一道，结合压蔓摘去所有侧枝或在4~6叶时摘心，而后根据种植密度选留2~3个侧蔓。留瓜一般主蔓上留第2或第3个瓜，留瓜过早会抑制瓜秧生长，影响产量。

4. 肥水管理

开花坐果前，要严格控制氮肥和浇水，防止徒长造成落花，待第1瓜坐住后立即大量追肥浇水，以后视天气情况再浇第2水，随水带肥，每0.067公顷追施腐熟人粪尿1 000千克。另外，在雨季还应注意瓜田的排水，防止长时间淹水造成死秧。

5. 人工授粉

在生长前期及多雨季节，于每天7~9时进行人工授粉。

6. 采收

雌花授粉后40天左右果实成熟，成熟标志是果柄木质化，且向外凸出，此时可在晴天17时左右采收，采收时剪留2厘米左右果梗，装运工具要清洁卫生，并放在阴凉通风处保存。

（五）病虫害防治

1. 病害防治

常见的病害有白粉病、病毒病等。病毒病防治：消灭传毒蚜虫，把蚜虫防治在扩散迁飞前点片发生阶段。白粉病防治：可用新鲜石灰粉直接撒在植株叶片，或用3~5波美度石硫合剂喷施。化学防治每亩用25%粉锈宁可湿性粉剂35克喷雾1次，采收前7~10天禁用。

2. 虫害防治

常见的虫害主要有瓜蚜、白粉虱等。白粉虱防治：糖醋诱杀，黄板涂废机油诱杀，或用杀虫灯防治。瓜蚜防治：可用黄板诱杀技术，或使用防虫网。或用4千克水将1千克石灰化开过滤，1千克温水化开1千克食盐，混合配成原液，加水40~50千克喷洒。

五、丝瓜

丝瓜为葫芦科攀援草本植物，营养含量高，还可供药用，有清凉、利尿、活血、通经、解毒之效。

（一）地块、品种选择

选择地势高燥、排灌方便、土层深厚、疏松肥沃的地块。选用优质、抗病、高产、适应性广、商品性好、适合市场需求的丝瓜品种。

（二）育苗

1. 苗床准备

选择背风向阳、无病虫源的田地。按照棚架（室）的大小，灵活确定苗床面积与规格。制钵前5~10天施肥，按67平方米床地均匀施用优质腐熟人畜粪1 500~2 000千克，25%氮、磷、钾三元复混肥30~40千克。四周开沟，沟深50厘米、宽25~30厘米，与排水沟、河相通。施肥后，将肥料全程翻拌并碎土，达到土粒细、土层松、面子整、无异物。在整平的床面上，覆盖地膜保墒。

2. 营养土准备

用肥沃、无病虫源的菜园土6份、充分腐熟的有机肥4份，按每1 000千克混合土加25%多菌灵可湿性粉剂200克，捣细并混合均匀后过筛，盖膜堆闷2小时以上。

3. 营养钵准备

钵径6~8厘米、高10厘米。播种前1~3天在耕整好的床地上进行制钵,做到钵底平整、钵深一致、排放整齐。制钵当日,用地膜覆盖钵土保墒。

4. 种子准备

将种子投入25~30℃温水中浸4~6小时,将种子表面的黏液搓洗干净,再用0.1%高锰酸钾液浸种20分钟,用清水洗净。或投入55~60℃热水中,保持水温15分钟。在30~32℃的条件下,将浸种过并用布揉去种子表面水珠的种子置于保温保湿容器中进行催芽,每隔12小时用温清水淘洗种子1次,并及时揉干种子表面的水珠,再继续催芽,直至种子芽口露白。

5. 播种

大、小棚及露地栽培分别在1月下旬、2月中旬及3月中旬于晴天上午播种。播前用水浇透钵土。每钵播1~2粒露白的种子,播种后覆盖1.5~2厘米厚的营养土。播种当日,用地膜覆盖地表后,及时采用大棚套小棚多层覆盖育苗;1月下旬播种的,还需在营养钵下面铺设电热丝,进行电加温育苗。小棚架宽1~2米,中心高度0.5~1.0厘米,大棚架宽6米,中心高度2.5~2.8厘米。

6. 苗床管理

床内温度,播种后至出苗前保持白天28~35℃,夜间不低于15℃;出苗后至心叶出现前,保持白天20~25℃,夜间12~15℃;心叶出现后,采取增温与通风排湿降温相结合,保持白天25~28℃,夜间13~18℃。勤浇水,保持床土湿润不积水。瓜苗出现脱肥现象时,用0.5%的尿素水进行叶面喷肥。定植前5~7天开始逐渐增大棚膜的通风窗口和延长通风时间,进行炼苗。白天床内控制在20~25℃,夜间不低于12℃。

7. 定植

每亩用优质腐熟鸡粪2 000千克或人畜粪500千克,25%氮、磷、钾三元复混肥50千克,尿素15千克。施肥后,充分耕翻,耕地深度20~30厘米。然后作畦,畦高15~20厘米,沟宽

30厘米，沟深20厘米。整平畦面。在整平的畦面上，覆盖地膜压实。在地膜上方，搭建棚架覆膜增温。棚架宽6米以上、高2.5米以上。

8. 定植时间、方法

瓜苗达4叶1心时，选择晴天进行。大、小棚及露地栽培分别在3月初、3月中下旬及4月中下旬定植。大行距80厘米，小行距50厘米，株距35厘米，大小苗分级定植。

(三) 田间管理

1. 温度

定植后温度白天保持在28~30℃，夜间不低于12℃。当夜间最低温度达15℃以上时，整天通风不盖膜。

2. 肥水

结合嫩瓜采收，每10~15天施肥1次，每次每亩施用尿素10千克，或纯氮的其他速效肥料。必要时，辅以叶面施肥。在浇足定植水的基础上，一般坐瓜前不浇水，坐瓜后开始浇水，保持畦面干、湿交替。

3. 植株调整

丝瓜定植缓苗后，开始搭架，一般采用竹竿先搭成"人"字形架，架高2.5米，然后纵横连接拉紧，形成整体架面。当瓜蔓伸长时，及时在架上绑蔓。当瓜蔓伸长到架顶开始落蔓时，将主蔓下部50厘米以下部位的叶片全部摘除，将瓜蔓下放盘绕，重新绑蔓。一般留主蔓结瓜。坐瓜前，将主蔓两侧的分枝全部摘除。如果主蔓坐瓜少，可留子蔓结瓜，子蔓结瓜后，留1~2片叶摘心。开花当日7~9时，进行人工授粉。及时摘除老叶、病叶和卷须，及时摘除病瓜、虫蛀瓜、畸形瓜以及主蔓下部50厘米以下部位的根瓜。对弯瓜，用小砖块或土块作悬挂重物，用细绳连接绑扎于瓜的顶端并悬挂拉直。

4. 采收

当果柄变光滑、瓜皮颜色变深绿、果面茸毛减少、用手触摸果皮有柔软感时采收,沿果柄中间处剪断或折断,轻轻整齐排放于包装物内。

(四) 病虫害防治

丝瓜一般很少发生病虫害,但在长期阴雨、湿度大、光照不足、透风不良条件下,易发生霜霉病、疫病等。这时,必须将病情控制在初发期。例如霜霉病,主要为害叶片,可采用58%甲霜灵可湿性粉剂800倍液喷施,进行早期预防;发病初期,用64%杀毒矾可湿性粉剂1 000倍液,或用75%百菌清可湿性粉剂800倍液防治。在开始发病期,用85%疫霜灵可湿性粉剂700倍液,或用58%甲霜灵锰锌可湿性粉剂600倍液进行喷洒防治。

六、甜瓜

甜瓜为一年生攀缘性草本植物,是我国人民喜爱的一种夏、秋蔬菜。其中普通甜瓜、哈密甜瓜和网纹甜瓜含糖量高,可生食;越瓜和菜瓜含糖量低,既可生食,又可炒食凉拌,同时还可用于酱制和腌制。

以上5个变种,哈密甜瓜和网纹甜瓜对气候要求严格,在空气干燥、阳光充足、夏季炎热而昼夜温差大的西北地区栽培,才能发挥其优良种性;南方各省一般夏季雨量较多,气候比较潮湿,适宜栽培的类型是普通甜瓜、越瓜和菜瓜。这里以普通甜瓜为例,介绍其栽培技术,越瓜和菜瓜的栽培,可参照进行。

(一) 对环境条件的要求

1. 对温度的要求

甜瓜对温度要求高,种子在16~18℃时开始发芽,在30℃时发芽最快;生长适宜的温度为25~32℃,在35℃以下生长和结果良好；温度升高到40℃时，同化作用仍然良好。昼夜温差大，能提高产量，改善品质。

2. 对水分的要求

甜瓜生长要求空气湿度低。普通甜瓜比较耐湿润，越瓜和菜瓜耐湿能力更强。根系发达，较能耐旱。对土壤的要求，以在排水良好土层深厚的冲积沙土和沙质壤土上栽培为最适宜。适宜甜瓜生长的土壤pH值为6~8。

3. 对光照的要求

甜瓜要求日照良好。光的饱和点为5.5万勒克斯，光补偿点为0.4万勒克斯。在阳光充足的条件下，病害少，植株生长健壮，结果多而品质好。

4. 对土壤养分的要求

甜瓜对矿质养分的需求，据资料介绍，每生产1 000千克甜瓜，需吸收纯氮2.5~3.5千克、五氧化二磷1.3~1.7千克、氧化钾4.4~6.8千克。除需氮、磷、钾三元素外，对钙、镁、硼等元素较敏感。因此，土壤中富含钙质时，能增加果实的甜味；土壤中含有一定的盐量，有促进生育、提早成熟、增加糖分的效果。

（二）栽培技术

1. 基地选择

栽培甜瓜的基地，宜选择土壤pH值6.5~7.5，地势稍低，但排水灌水方便，土层深厚肥沃，且至少2年未种过瓜类蔬菜的地块。如果是水旱轮作，应在隔年10月翻土开沟整地，作上一季冬季作物，春季再生产甜瓜。

2. 品种选择

甜瓜品种很多，生产者应根据市场需要，选好品种。

3. 播种时间与育苗方式

甜瓜可从1月底至6月中旬播种，生产者可根据其设施条件及市场行情,确定具体播种时间。不同播种阶段的育苗方式也不一样,大体可以分为如下3种。

(1) 在1月底至3月中旬播种,宜采用地热线和空气加温线加温育苗。实践证明,以2月上旬播种比较合适(提前播种,虽然略可提前上市,但电费成本大;推后播种,将推迟上市,赶不上好行情)。

(2) 在3月下旬至4月下旬播种,宜采用保温设施育苗。

(3) 在5月上旬至6月中旬播种,宜采用夏秋遮阳育苗。

4. 培育壮苗

甜瓜栽培,提倡推广蔬菜育苗营养基质穴盘育苗。

5. 合理施肥

(1) 施肥量假定土壤肥力检测值为pH值6.5~7.5,有机质含量为28克/千克,碱解氮为100毫克/千克,速效磷为30毫克/千克,速效钾为70毫克/千克。

(2) 施肥方法生产者应根据自己的经济状况,确定其目标产量,选择施肥量。施肥以基肥为主,如果是机械翻耕,可将上述配方施肥方案应施的海藻肥或三元复合肥的全部或大部分,磷肥、禽畜粪肥和钾肥的全部,分别撒于土面后翻耕作基肥深施,翻耕1~2遍,余下的肥料根据苗情及时沟施追肥。若是人力翻耕,将应施肥料的50%撒施后翻耕,余下的肥料进行沟施,即在距植株30~50厘米处,开一条宽、深各20厘米的沟,将肥施入沟中后,把肥与土拌和均匀,再将土面耙平,也可留一部分作追肥。

6. 整地做畦

施肥后,翻土1~2遍,整地按每畦1.2~1.5米,畦沟宽0.3米,沟深0.2米的要求进行操作整地,并做到沟底平整流畅,雨停沟内不积水。

7. 盖地膜

4月10日前移栽或直播,宜选用白色聚乙烯膜;4月10日后移栽或直播，宜选用黑色聚乙烯膜。

盖膜前，应将土壤浇透水，或待一场雨后将土壤淋透水后再盖地膜。

如果覆盖白色地膜，应在土面喷施一次乙草胺等芽前除草剂后再盖膜，以防杂草丛生；如果使用黑色地膜，不必喷施芽前除草剂，因为黑色地膜具有防除杂草的功能。

覆盖地膜应将四周用土压紧。

8. 定植移栽

（1）合理密植"爬地"栽培，每块土栽1行，每穴栽1株，株距一般为100~120厘米；大棚内"篱架式"搭架栽培，行距60厘米，株距30厘米，单株定植。

（2）定植时间早春在大棚内或小拱棚覆盖生产，可于3月20日前后选择冷尾暖头的晴天移栽。

（3）方法先打定植孔，直径和深度均要比营养钵大1厘米以上，移栽时，应轻拿轻放，确保根系完整，有利于缩短缓苗期，提高成活率。

（4）浇稳根水。稳根水的配制方法。每50千克水加250克尿素、枯草芽孢杆菌60克、海藻生根剂60克。充分拌匀后施用，每株浇水100~150克。浇水后用土将定植孔封闭。

（三）病害防治

（1）茎、叶、花、果部病害甜瓜病害很多，有真菌性病害（如霜霉病、疫病、炭疽病、白粉病）、病毒性病害（如甜病毒病）等。发病前，可用枯草芽孢杆菌、木霉菌等生物药剂或霜霉威等其他相关化学药剂对水喷雾预防，隔10~15天1次。

（2）地下根部病害有枯萎病等，移栽后，隔20~25天浇施一次枯草芽孢杆菌液（定植时开始进行），或用多菌灵、甲基托布津等药剂对水灌根预防。应特别注意的是，生物药剂不能与化学杀菌剂同时使用。

（四）虫害防治

甜瓜的虫害主要有瓜绢螟和蚜虫，其次是黄守瓜。

（1）瓜绢螟可用白僵菌等生物药剂或阿维菌素等化学药剂对水喷雾进行防治。

（2）蚜虫可用吡虫啉或吡蚜酮或白僵菌等药剂对水喷雾进行防治。

（3）黄守瓜可喷施瓢甲敌药液进行防治。

（五）采收

（1）适时采收一般而言，甜瓜是以老熟瓜为商品，应及时采收。

（2）注意事项一是采收时应尽可能避免损伤茎叶；二是未过农药安全间隔期不能采收上市。

（3）分级上市采收后，应按甜瓜分级标准，分级包装上市。

七、西葫芦

西葫芦，又称玉瓜、角瓜。

（一）生物学特性

1. 形态特征

西葫芦属于葫芦科 1 年生草本植物。西葫芦根系发达，主根长，侧根多，吸水吸肥力强。茎蔓生、半蔓生和茎蔓丛生。主蔓易生分枝。叶片大，绿色，互生；叶柄和叶面有刺，叶柄中空易折。花为黄色单性花。果为扁圆形或筒状，皮色绿，有的有黄条，成熟果实皮厚，呈乳黄色。种子呈披针形，乳黄色，千粒重 150~200 克。

2. 对环境条件的要求

西葫芦为较耐低温、耐旱作物。适应的温度范围为 15~38℃，生长发育的适宜温度为 18~25℃；适应土温为 12~35℃，适宜土温为 15~25℃。西葫芦较耐旱，生长前期以土壤不干燥为度，果实膨大期需水量较多，要求保持土壤湿润，空气相对湿度保持在45%~55%。西葫芦为短日照作物,在日照7~8小时条件下雌花多,开花结果早。西葫芦吸肥力强,需钾肥较多,施肥时宜将氮、钾、磷、钙、镁肥配合施用。一般每产1 000千克西葫芦,需氮肥3.92千克、磷肥2.08千克、钾肥8.08千克。西葫芦既喜水肥,同时又耐瘠薄,适宜在疏松肥沃、保水保肥力强的微酸性土壤上种植,土壤酸碱度以氢离子浓度158.5~3 163纳摩/升(pH值5.5~6.8)为宜。

(二)育苗技术

1. 播种育苗期

西葫芦多采用育苗方式栽培。在露地生产,一般在3—4月育苗,苗期25~30天;在塑料大棚内生产,一般在2—3月育苗,苗期30~40天。定植的土温必须在12℃以上。

2. 品种选择与播种量

西葫芦的早熟品种有早青一代、一窝猴、阿太一代,特早1号、小白皮和花叶西葫芦等;中熟品种有长蔓西葫芦等。一般于早春季节,在棚室里进行栽培,效益较高。每亩播种量300~500克。

3. 种子消毒与催芽

选择无杂质、籽粒饱满的种子,放在50~55℃的水中,搅拌15分钟,然后放在室温水中浸泡6~8小时,接着再搓洗干净,并用清水洗净,放到25~30℃条件下保温保湿催芽,并每6小时用清水淘洗1次,经2~3天即可发芽。

4. 配制床土

用园田土6份和腐熟圈肥4份,过筛后均匀混合,再加上按每立方米床土用过筛鸡粪15千克和复合肥5 000克,均匀混合后备用。

5. 播种与苗期管理

将床土装到营养钵内或纸袋里,也可在苗床内将床土平铺

10厘米厚，再用温水浇透，划好10厘米×10厘米的营养土方，然后即可播种。每个营养钵或土方内，平放1粒发芽的种子，种芽朝下，然后再盖上2厘米厚细土，随即覆盖塑料膜保温保湿。幼苗出土前，保持苗床土温在15~18℃，保持气温在28℃，一般经3~5天即可出苗。出苗后，揭掉塑料膜，降温降湿防徒长，控制气温在20~25℃。如发现戴帽苗，再覆1次细土，或用人工摘帽。为防止徒长，夜温可控制在15℃左右。为促雌花，在3叶期可喷40%乙烯利2 500倍液。在定植前，必须达到壮苗标准。在定植前1周应锻炼秧苗，即采用逐步降温降湿措施，一般不浇水，降温至7~8℃，这样锻炼的秧苗抗逆性强，定植后缓苗快。

6. 西葫芦壮苗标准

苗龄在30天左右，株高15~20厘米，茎粗色绿，节间短，叶片大而绿，定植前达4叶1心，根系发达，吸收根多，无病虫害和机械损伤。

7. 育苗注意事项

西葫芦为喜温蔬菜，在冬春季育苗时，必须采取保温和增温措施。由于西葫芦生长快，要求营养面积较大，因而最好采用营养钵育苗。在高温多湿条件下，易引起徒长，茎细长，节间长，叶薄而淡绿。在低温干旱条件下，易形成僵苗，株矮小，节间短，叶片小而墨绿，植株停长，根系不发达。西葫芦是喜光植物，整个苗期都应有充分光照。如果采用嫁接育苗，其砧木多用黑籽南瓜。

（三）定植与田间管理

西葫芦定植，一般在4月下旬至5月上旬。如覆地膜，可提前1周左右定植；如扣小拱棚，可提前10天左右定植。定植时，地温应稳定在12℃以上。

定植前，要先施肥整地。每亩施腐熟优质粗肥7 000千克以上，还需施尿素30千克。普撒肥料后，耕翻30厘米，然后做成

1.6米宽的高畦，畦中间开一水沟，再覆膜烤地。当地温升至12℃以上时，即可定植。定植方法，采用大畦双行，小行距60厘米，株距60厘米或打80厘米小垄，每垄栽一行株距不变。定植后，覆土稍加镇压，然后按畦浇水，也可进行膜下暗灌。对于不覆地膜的幼苗，也可在定植行两侧开沟浇水，或者栽苗后先按畦浇足坐苗水，待水渗下后再封埯。早春定植，应选无风晴天的中午进行。定植后，应支小拱棚，以保温保湿，促进缓苗。在白天控温25~28℃，夜间控温18℃左右，保持土壤潮湿，经4~6天即可缓苗。缓苗后，应降温降湿，通小风，调控气温白天在20~25℃，夜间在15℃左右。如果不覆地膜，还应中耕松土，促进生长。为促进茎叶生长，缓苗后应穴施追肥，距根部15厘米处开沟施尿素（每亩施用15千克），随后覆土浇水。

西葫芦一般在主蔓7~8节开第一雌花，以后隔2~3节开一雌花。可在早晨6~7时进行人工授粉，而且在露水未干时授粉坐果率高。

对于蔓生或半蔓生品种，在甩蔓时应进行吊蔓，露地栽培可以用土压蔓，每隔3~4节用土堆压一道蔓。同时，摘掉老叶、卷须，并进行侧枝打尖。当主蔓老化时，要留2个粗壮侧枝，待侧枝出现雌花后，再剪掉主蔓。

在西葫芦的水肥管理方面，一般在根瓜长到5~6厘米时，开始浇水追肥。每亩随水施尿素15千克，此后应一直保持土壤湿润。一般每次采收以后，都应进行追肥浇水。

（四）适时采收

西葫芦定植后20天左右，根瓜就可坐住，再过10多天根瓜可长到15厘米左右，这时即可采收。为了使其他瓜能正常生长而不化瓜，根瓜应该适当早收。其他瓜一般长到20厘米左右才适于采摘。但也不可采收太晚，否则不但瓜皮老化，而且也易引起茎蔓早衰。

西葫芦的采摘方法，可以用剪刀将瓜从柄处剪割下来，也可左手把住瓜柄，用右手将瓜扭下来。采收时，要注意不可伤及茎叶和根系。采收应在无露水的条件下进行。采摘的西葫芦，可在5~10℃的条件下，保鲜10天左右。

（五）西葫芦生产历程

西葫芦的生产历程，如表2-3所示。

表2-3 西葫芦生产历程

栽培形式	播种期	定植期	采收期
温室冬茬	9月下旬至10月上旬	11月上中旬	翌年1月上旬至2月中旬
春大棚	2月下旬至3月上旬	4月上旬至4月下旬	5月上旬至6月中旬
春中小棚	3月上中旬	4月中旬至5月上旬	6月上旬至7月上旬
春地膜	3月中旬至4月上旬	5月中下旬	6月下旬至7月中旬
春露地	4月中下旬	5月下旬至6月上旬	7月上旬至7月下旬

（六）病虫害防治

1. 西葫芦灰霉病

（1）发病条件。西葫芦灰霉病为真菌性病害。病菌在土壤中越冬，通过茎、叶、花、果的表皮直接侵入植株，借助风雨、育苗及田间作业进行传播。在气温16~21℃、空气相对湿度90%以上时易发病。

（2）主要症状。西葫芦灰霉病可为害叶、茎、花、果各个部位。受害部位呈水浸状软腐，萎缩，表面生有灰霉或灰绿霉层，有时还可出现黑色菌核。

（3）防治措施。加强田间管理，预防低温高湿；保护地可用10%腐霉利烟剂或45%百菌清烟剂熏治，每亩用药250克；喷施5%百菌清粉尘，每亩用药1 000克；用50%腐霉利可湿性粉剂或50%异菌脲可湿性粉剂1 000倍液喷雾。

2. 西葫芦菌核病

（1）发病条件。西葫芦菌核病为真菌性病害。菌核在土壤中或混杂在种子内越冬，通过残败花瓣的表皮或伤口侵入植株，借助于气流、育苗或田间作业进行传播。当气温在15~20℃、空气相对湿度在85%以上时易发病。

（2）主要症状。西葫芦菌核病主要为害茎蔓和果实。茎蔓染病后呈褐色水浸状斑块，逐渐长出白色菌丝和黑色菌核，病部以上的茎叶受其影响而萎蔫枯死。病果在花蒂部位呈现水浸状腐烂，并长出白色菌丝和黑色菌核。

（3）防治措施。实行菜田轮作；菜田耕翻20厘米，深埋菌核；精选种子，淘汰菌核；进行土壤消毒；加强田间管理，预防低温高湿；保护地用10%腐霉利烟剂或45%百菌清烟剂熏治，每亩用量250克；喷施50%腐霉利可湿性粉剂1 500倍液，或50%多菌灵可湿性粉剂500倍液，也可喷施40%菌核净可湿性粉剂1 500倍液。

3. 西葫芦白粉病

（1）发病条件。西葫芦白粉病为真菌性病害。病菌在月季花或病残体上越冬，通过叶片表皮侵入植株，借助气流或雨水进行传播。在高温干旱或高温高湿条件下都易发病。

（2）主要症状。西葫芦白粉病为害叶片、叶柄和茎。病叶上有圆形小粉斑，逐渐连片布满全叶，以后粉斑老化呈灰色，并出现黑褐色小粒点。叶柄和茎染病后也产生白色圆粉斑，并不断扩展连片，后期变成灰色斑，散生小黑点。

（3）防治措施。选用抗病品种；加强田间管理；预防高温干旱或高温高湿；喷施20%三唑酮乳油2 000倍液，或者喷施2%嘧啶核苷类抗菌素水剂200倍液。

4. 西葫芦绵腐病

（1）发病条件。西葫芦绵腐病属真菌性病害。病菌在土壤中或病残体上越冬，通过茎、叶和果实表皮侵入植株，借助雨水、灌溉或育苗等进行传播。在土温低、湿度大的条件下最易发病。

(2) 主要症状。西葫芦绵腐病为害叶、茎和果实。病叶和茎有圆形水浸状暗绿斑，潮湿时呈软腐状。病果有椭圆形暗绿色水浸斑，干燥时病斑变褐凹陷并有腐烂现象，并生有白霉；潮湿时整个果实呈现褐色腐烂，表面布满白霉。

(3) 防治措施。土壤灭菌；采取垄作或高畦栽培；加强田间管理，预防低温高湿；喷施50%琥胶肥酸铜可湿性粉剂500倍液，每亩用药液50千克。

5. 西葫芦蚜虫

西葫芦的主要害虫是蚜虫，对蚜虫的防治可以参考黄瓜栽培中对蚜虫的防治方法。

第二节 茄果类蔬菜无公害栽培技术

一、番茄

番茄又名西红柿、洋柿子。

(一) 生物学特性

1. 形态特征

番茄属于茄科1年生或多年生草本植物。植株高0.6~2米。全株被黏质腺毛。茎为半直立性或半蔓性，分枝能力强，茎节上易生不定根，茎易倒伏，触地则生根，所以番茄扦插繁殖较易成活。奇数羽状复叶或羽状深裂，互生；叶长10~40厘米；小叶极不规则，大小不等，常5~9枚，卵形或长圆形，长5~7厘米，先端渐尖，边缘有不规则锯齿或裂片，基部歪斜，有小柄。花为两性花，黄色，自花授粉，复总状花序。花3朵，成侧生的聚伞花序；花萼5~7裂，裂片披针形至线形，果时宿存；花冠黄色，辐射状，5~7裂，直径约2厘米；雄蕊5~7根，着生于筒部，花丝短，花药半聚合状，或呈一锥体绕于雌蕊；子房2室至多室，柱头头状。果实为浆果，扁球状或近球状，肉质而多汁，橘黄色或鲜红色，光滑。种子扁平、肾形，灰黄色，千粒重3~3.3克，寿命3~4年。花、果期夏秋季。根系发达，再生能力强，但大多根群分布在30~50厘米的土层中。

2. 对环境条件的要求

（1）温度条件。番茄属于喜温喜光喜肥植物。适应的气温范围为8~35℃，适宜的气温范围为白天20~25℃，夜间15~18℃，低于8℃植株停止生长，高于35℃植株生长不良。不同生长发育阶段对温度的要求不同，发芽期和开花期对温度的要求偏高，以20~30℃为宜；适应的土温为10~25℃。

（2）水分条件。番茄需水量大，植株的90%以上，果实的94%~95%是水分。但由于番茄根系强大，吸水力强，叶片呈深裂花叶，表面上又有茸毛，能减少水分蒸发，因此番茄属半耐旱性作物。它对水分条件的要求是：空气相对湿度为45%~50%，盛果期土壤湿度为田间最大持水量的60%~80%。

（3）光照条件。番茄为喜光植物，整个生长发育过程都需要较强的光照。番茄的光饱和点为7万~7.5万勒克斯，光补偿点为0.4万勒克斯。属于短日照作物，在短日照条件下可提前现蕾开花。

（4）土壤和营养。它对营养条件的要求是：需要氮、磷、钾、钙等营养元素，每生产1 000千克番茄，需要吸收氮2千克、磷1千克、钾6.6千克。番茄对土壤要求不严，以土层深厚、透水透气、富含有机质的沙壤、黏壤土为好，土壤的酸碱度以氢离子浓度100~1 000纳摩/升（pH值6~7）为宜。

（二）育苗技术

1. 播种育苗期

因栽培季节、栽培方式、育苗手段、苗龄及品种的不同，播种期也有所不同。番茄从播种出芽到现大花蕾的过程，需要1 000~1 200℃的积温。在温室条件下生产，秋冬茬番茄最早播种育苗期为7—8月，一般苗龄30~45天；冬春茬番茄，一般在12月中旬或翌年1月上旬育苗，苗龄60~80天。在春棚条件下生产，一般在1月于温室里育苗，苗龄70~80天。在露地条件下生产，一般在2月育苗，5月露地定植。在露地夏茬生产，一般在4月育苗，5月定植。在育苗中，夏秋两季育苗可采用直播法，而其他时间生产必须事先育苗。在气温较高期间，或不打算分苗的情况下，苗龄一般30~40天。在气温低和分苗的情况下，不但要采取加温保温措施，而且苗龄长达60~80天。因此，冬春育苗，应在预计定植期前的2个月播种育苗，夏秋育苗则在预计定植期前的1个月播种即可。

2. 品种和播种量

（1）番茄的部分优良品种。

①L-402：辽宁省农业科学院蔬菜研究所选配的一代杂种。无限生长类型，植株生长势中等，叶色深绿，第一花序着生于第八节位。成熟集中，前期产量高。果实扁圆形，成熟果粉红色，单果重200~250克。耐低温弱光。中晚熟。抗病毒病。适合于山东、北京、天津、河北、安徽及东北地区保护地和露地栽培。

②中杂9号：中国农业科学院蔬菜花卉研究所选育的保护地与露地兼用一代杂种。植株无限生长类型。果实圆形，粉红色，单果重180~200克。商品果率高，品质优良。抗烟草花叶病毒病，抗叶霉病，高抗枯萎病，适应性强。适合日光温室和塑料大棚栽培，也可露地栽培。

③中蔬6号：中国农业科学院蔬菜花卉研究所选育的一代杂种。无限生长类型。株型紧凑，节间短，叶较宽，叶色深绿。果实红色，圆形，平均单果重180克。中早熟品种。较抗病。适于华北地区露地或保护地栽培。

④双抗2号：北京市农林科学院蔬菜研究中心所选配的一代杂种。无限生长类型。第一花序着生于第九节位。果形稍扁圆，成熟果粉红色，单果重150~250克。中熟品种。对叶霉病

和霜霉病抗性较强。适合于北京、河北地区保护地栽培。

冬春生产的番茄，应选用中早熟、耐低温、品质优良的品种，如沈粉1号、佳粉2号、L-402、良丰3号、双抗2号等。夏秋生产的番茄，则应选用耐热、抗病、品质好的中晚熟品种，如毛粉802、巨丰、中杂9、佳粉15、强丰和中蔬6号等。

（2）播种量的确定。番茄种子的千粒重为3克左右，每克种子粒数为330粒左右，因品种和种子的饱满程度不同而有所不同。实际播种中，要考虑到病苗、弱苗、杂株及其他损伤而造成的缺苗，需要一定富余的播种量，每亩播种量为40克左右。

3. 种子消毒与催芽

播种前要进行种子消毒和浸种催芽。

（1）种子的消毒处理。番茄的多种病害都可以通过种子传播，因此种子消毒对防治病害有重要作用。种子的消毒方法又分为温汤浸种和药物浸种。

①温汤浸种：将选好的种子，在30℃左右清水中浸泡15~30分钟，然后再放到55~60℃热水中不停地搅拌15分钟。种子在热水中处理完后，放入冷水中散去余热，然后浸种，再进行催芽。温汤浸种对番茄溃疡病、叶霉病、斑枯病、早疫病、青枯病有一定的防治效果。

②磷酸三钠浸种：将种子在清水中浸泡3~4小时，然后放在10%磷酸三钠液中浸泡20分钟左右，随后取出种子，用清水淘洗干净，然后催芽。这种方法可以用来防治烟草花叶病毒病。

③高锰酸钾浸种：将种子用40℃左右温水浸泡3~4小时，然后放入1%高锰酸钾溶液中浸泡10~15分钟，捞出用清水冲洗干净后催芽。这种方法可以防治番茄溃疡病及花叶病毒病。

（2）催芽。将经过消毒的种子，放在与种子等量的干细沙中，将种子与细沙均匀混合，用温水浸湿，再用湿布包好，放在底部悬空、并用木棍垫起来的瓦盆里，送进恒温箱或温室内进行催芽。在催芽中，要保证细沙和种子潮湿，但又不能有积水，温度控制在28~30℃，当种子露白后则逐渐降温至25℃。

如果在露地直播育苗，可在浸种后直接播种在床土湿润的苗床上，播后覆土，上面再盖地膜，保持气温在25~30℃，待苗出土时揭去地膜。一般在夏、秋季育苗，可用此法。

4. 配制床土与消毒

每亩生产田，需0.5平方米的籽苗床。幼苗床一般为12平方米，成苗床一般为50平方米。番茄苗期较长，所以床土的配制必须满足秧苗生长所需要的营养。一般苗床可用50%园田土和50%腐熟马粪，每立方米床土中再加入500克硝酸铵、400克过磷酸钙、1 000克优质钾肥，然后将各种配料捣碎过筛，混合均匀，配制成床土，并按5厘米的厚度，平铺在播种床里。在寒冷季节，床土下应铺电热线（每平方米80瓦）。为了对床土消毒，在每平方米床土上，可用70%多菌灵可湿性粉剂5克或70%甲基硫菌灵粉剂5克，再加入1 000克细干土拌均匀制成药土，在播种前用2/3药土铺底，播种后再用1/3药土覆盖种子即可。

对于需分苗床的床土，必须保证有更充足的营养，可用40%园田土、50%腐熟马粪、10%腐熟粪干粉，每立方米床土中再加入5千克过磷酸钙和2千克硫酸铵。然后将各种配料捣碎后过筛，均匀混合，配制成床土，对床土进行消毒，可用65%代森锌粉剂60克与1立方米床土均匀混合，然后用塑料膜密封3天，再揭膜晾晒3天，待床土没有药味后即可移苗。需分苗的床土，要在苗床上平铺10厘米厚，在寒冷季节床土下要铺电热线（每平方米80瓦）。

如果用营养钵育苗，可将床土装到营养钵内。一般只装9分满，待浇透水后，营养钵内有8厘米厚的床土，移苗覆土后，床土的总厚度9厘米左右即可。

5. 播种与好苗管理

播种前用30℃的温水浇透床土，待水渗下后播种；也可提前3~5天浇透床土，覆盖塑料薄膜烤床土，待床土稳定在15℃以上进行播种。在播种时，先撒2/3药土，然后按种距1厘米×1厘米左右进行播种，播后再撒1/3的药土覆盖，随即可盖塑料薄膜保温保湿，也可通过电热线控制温度，在保持床土温度15~20℃的条件下，一般3~5天即可出苗。出苗后，即可揭去塑料薄膜，供给充足光照，白天保持气温在25℃，夜间控温在15℃左右，床土温度要保持在15~20℃，当播后20天左右，长到2~3叶时为花芽分化期。为促使早开花和降低开花节位，应提供低温（15~18℃）和短日照条件，而且在这个时期不要移苗。

6. 幼苗期与成长期管理

幼苗期与成长期管理的主要差别是营养面积不同，幼苗期营养面积每株为5厘米×6厘米，成苗期营养面积为8厘米×10厘米，在移苗至缓苗期，都必须保温保湿促缓苗，缓苗后则要控温降湿促生根，经过逐渐降温锻炼，番茄的秧苗可变成紫绿色，而且有弹性，如发现叶面呈黄绿色，出现脱肥现象，可在晴天喷0.2%尿素或喷磷酸二氢钾，在定植前，必须达到壮苗标准。

7. 番茄壮苗标准

壮苗是指生长健壮、无病害、生活力强、能适应定植以后栽培环境条件的优质丰产苗。一般冬季育苗70天，夏、秋季育苗30天左右，春季40~50天苗龄；壮苗株高15~20厘米，下胚轴2~3厘米长；茎粗一般在0.5~0.8厘米，节间短，呈紫绿色，叶片7~9片，叶色深绿带紫，叶片肥厚；第一花穗已现大蕾；根系发达，吸收根多，植株无病虫害，无机械损伤。

(三) 适时定植

1. 定植期

春季在露地定植，应在终霜期过后，如用地膜覆盖，可提前1周，夏季应在花芽分化后的4叶期进行小苗定植，或采取不育苗的直播方法。冬季在保护地生产,应选择地温稳定在15℃以上,气温在20℃左右的晴天中午定植。在夏季生产,则应选在阴天或晴天的15时以后定植,这样有利于缓苗。

2. 定植前整地

番茄要求土壤疏松肥沃,适宜于保水保肥的中性偏酸土壤(氢离子浓度100~1 000 纳摩/升,即pH值6~7),其氮、磷、钾含量比一般为2∶1∶6。因此,要选择有效期长的农家肥作基肥,每亩施腐熟的圈肥5 000千克,过磷酸钙50千克,要深翻地30厘米。然后做成大垄,垄距120厘米,垄高20厘米,垄顶宽80厘米。垄中间留水沟,覆地膜后,烤地1周即可。

3. 定植方法

按大垄、双行、内紧外松的方法定植,双行的小行距为50厘米,株距为35厘米,定点打孔。然后定植带有壮秧的土坨,接着浇温水,以洇透土坨为宜,最后用土封埯,也可栽后就封埯,再顺着膜下的垄沟(小沟)浇水,以水洇透垄台为宜,定植密度每亩在3 500株左右,并实行单干整枝。

(四)缓苗前后的管理

缓苗前要保温少通风,白天控温在25~30℃,夜间保持15~20℃。在露地定植,如遇晚霜,可在早晨5~6时用柴草熏烟防霜,定植后5~7天,心叶开始生长,新根出现,则证明已经缓苗。这时,要降温降湿进行蹲苗,白天控温在20~25℃,夜间保持在10~15℃。另外,要采用通风、控水、中耕等措施降温,以利于蹲苗。一般蹲苗半个月左右,蹲苗后则根系发达,茎粗叶厚,颜色墨绿,而且蓓蕾肥大。

(五)蹲苗后的管理与采收

1. 支架绑蔓

支架和绑蔓可以使叶片分布空间加大,避免遮阴,增加光合作用,改善通风条件,减少病害发生,同时利于田间操作。

因此，番茄蹲苗后，首先要插架绑蔓。露地插人字架。每株两根架条，保护地可垂直插单架，每株一根架条，一般架条高 1.1 米，如果用人架则架高 1.6 米，距番茄根 10 厘米处把架条插入地下 10 厘米，插架绑架后，再将番茄植株绑到架上，一般每两串花序绑一道蔓。

2. 整枝打杈、蘸花保果

在绑蔓的同时进行整枝打杈，实行单干整枝，及时去掉所有侧枝侧芽，或在侧枝留 2 片叶打尖，第一串花序留 4 个花，或在第一串花序留 4 个花（第一花序的第一朵为畸形，不结果，俗称鬼花，应予摘掉），在第二花序留 3~4 个花，在第三花序留 2~3 个花，在第四花序留 2 个花，在第四串果以上，留 2~3 片叶后打尖。这样管理，将来留几个花就坐几个果，而且植株上下的果实大小相似，为了达到保花保果的目的，在开花期可用浓度为 20~30 毫克/千克防落素蘸花，或用番茄丰产剂 2 号 5 毫升对水 0.75 升蘸花。蘸花时注意不可重复，以免引起药害。

3. 加强水肥管理

在蹲苗后第一穗果长到直径 3 厘米左右时，开始浇水追肥。这是营养生长与生殖生长同时进行的时期，必须加强水肥管理。在浇水同时，每亩追施尿素 15 千克，或追施人粪尿 1 500 千克。2 周后再随浇水追尿素 15 千克。总之，这个时期必须保持土壤湿润，肥足水勤。在夏季露地栽培，要防强光照（在高温来临时，枝叶达到封垄水平即可），防高温，可支遮阳网，或在 16 时以后浇水降温。尤其要注意防涝，在热雨过后还要涝浇园，以降低土温，确保根系正常的生理活动。

4. 适时采收

适时采收的标准是：果实充分膨大，果皮由绿变黄或红。要选择无露水时采收，如果采收过早，青皮番茄食用对人体有害，必须催熟后才能食用。在气温超过 28℃时，果皮则不转色，因此番茄采收期应控制气温低于 28℃。如果采收过晚，易受虫害和鸟害，还会出现落果现象，影响产量和质量。

（六）番茄生产历程

番茄生产历程，如表2-4所示。

表2-4 番茄生产历程

栽培形式	播种期	定植期	采收期
温室秋冬茬	7月下旬至8月上旬	8月下旬至9月上旬	11月下旬至翌年2月下旬
温室冬春茬	12月上旬至翌年1月上旬	2月中旬至3月上旬	4月下旬至6月中旬
阳畦春茬	12月上旬至12月下旬	翌年2月下旬至3月上旬	5月上旬至6月上旬
春大棚	1月上旬至1月下旬	3月下旬至4月中旬	6月上旬至7月下旬
早春地膜	2月下旬至3月上旬	4月下旬至5月上旬	6月上旬至7月下旬
夏遮阳棚	3月中旬至4月上旬	5月上中旬	6月中旬至9月下旬
秋大棚	7月上中旬	8月上直播（小苗定植）	10月中旬至11月中旬

（七）病虫害防治

1. 番茄裂果病

（1）发病条件。易发生在果实转色期。

（2）主要症状。分为3种，一是放射状裂果，以果蒂为中心呈放射状，一般裂口较深；二是环状裂果，呈环状浅裂；三是条状裂果，即在果顶部位呈不规则的条状裂口。裂果发生以后，果实品质下降，病菌易侵入，以致腐烂。

（3）防治措施。选择抗裂品种，一般选择果皮厚的中小型品种；防止土壤过干或过湿，保持土壤相对湿度在80%左右；增施有机肥和质量好的生物肥，改善土壤结构，为根系生长提供良好的环境；正确施用植物生长调节剂，在使用植物生长调节剂喷花时，浓度不宜过大，要针对品种、温度合理确定使用浓度；整枝打杈要适度，保持植株有茂盛的叶片，加强植株体内多余水分的蒸腾，避免养分集中供应果实造成裂果。

裂果发生后也可喷 0.2%氯化钙或喷 0.1%硫酸锌溶液，以缓解症状。

2. 番茄畸形果

（1）主要症状。番茄花器和果室不能充分发育，出现尖顶、畸形；或心皮数目增多，从而形成多心室。

（2）防治措施。选用不易产生畸形果的品种，发生畸形果后要及时摘除；做好光温调控，培育抗逆力强的壮苗；加强肥水管理，防止植株徒长，避免偏施氮肥，防止分化出多心皮及形成带状扁形花；合理使用植物生长调节剂。

3. 番茄脐腐病（又称蒂腐病、顶腐病、黑膏药病）

（1）主要症状。果脐部有水浸斑，后期变褐凹陷，有的是果肉或筋变黑褐色，潮湿时有黑色雾状物。

（2）防治措施。浇足定植水，保证花期及结果初期有足够的水分供应。在果实膨大后，应注意适当给水；选用抗病品种。番茄果皮光滑、果实较尖的品种较抗病，在易发生脐腐病的地区可选用；土壤中多施钙肥、硼肥；发病初期喷 0.1%过磷酸钙或 0.1%氯化钙，以缓解症状。

4. 生理性卷叶

（1）发病条件。多发生在番茄生育中后期。

（2）主要症状。顶部叶片或底部叶片或全株叶片卷曲。果实暴露于阳光下，影响果实膨大，甚至出现日灼病。

（3）防治措施。加强土壤水分管理，防止出现土壤过干过湿；采用配方施肥法做到供肥适时适量，也可喷洒富尔 655 高效液肥 300 倍液，以确保土壤水肥充足。加强通风管理，控制高温出现；协调植株的生长状态，避免打杈过重；选择抗性品种;及时防治蚜虫。

5. 番茄早疫病(又称轮纹病或夏疫病)

(1)发病条件。早疫病为真菌性病害,病菌在种子上或残体上越冬,通过植株的表皮或气孔侵入植株,借助气流、雨水和引种移苗进行传播,当气温在25℃左右、空气相对湿度在70%以上时,易流行早疫病。

(2)主要症状。早疫病可为害叶、茎、花和果实,病叶有黄色晕环状的同心轮纹斑,病斑受叶脉限制呈多角形,表面生有毛状物,病茎在分枝处产生黑褐色椭圆斑,有黑霉,花萼染病后呈椭圆形凹陷黑斑。

果实的病斑呈椭圆形,有同心轮纹的黑色硬斑,后期果实开裂。

(3)防治措施。一是保护地番茄重点抓生态防治。由于早春定植时昼夜温差大,白天20~25℃,夜间12~15℃,空气相对湿度高达80%以上易结露,利于此病的发生和蔓延。应重点调整好棚内温湿度,尤其是定植初期,闷棚时间不宜过长,防止棚内湿度过大温度过高,做到水、火、风有机配合,减缓该病发生蔓延。二是于发病初期喷撒5%百菌清粉尘剂,每亩每次1千克,隔9天1次,连续防治3~4次。也可施用45%百菌清烟剂或10%腐霉利烟剂,每亩每次200~250克。三是发病前或进入雨季后开始喷洒3%多抗霉素水剂600~900倍液或86.2%氧化亚铜可湿性粉剂1 000倍液或80%代森锰锌可湿性粉剂600倍液或50%异菌脲可湿性粉剂1 000倍液或75%百菌清可湿性粉剂600倍液或70%丙森锌可湿性粉剂600倍液或65%多果定可湿性粉剂1 000倍液或70%百菌清·锰锌可湿性粉剂600倍液。四是种植耐病品种。五是与非茄科蔬菜实行3年以上轮作。六是加强田间管理,合理密植,及时整枝打杈。

6. 番茄晚疫病(又称疫病)

(1)发病条件。晚疫病属于真菌性病害,病菌在病残体上或马铃薯上越冬，通过叶的表皮或气孔侵入植株，借助风雨或引种进行传播。当气温在15℃左右、空气相对湿度在85%以上时，易发病。

（2）主要症状。晚疫病为害叶、茎和青果。病叶的叶尖或叶缘呈水浸状暗绿斑，潮湿时叶背有白霉。病茎有黑褐色腐烂斑；病果有水浸状暗褐色凹陷斑，潮湿时有白霉。

（3）防治措施。一是保护地番茄从苗期开始，严格控制生态条件，防止棚室高湿条件出现。二是种植抗病品种。如中杂7号、晋番茄1号、渝红2号、中蔬4号、佳红、中杂4号等。三是与非茄科作物实行3年以上轮作，合理密植，采用配方施肥技术。四是加强田间管理，及时打杈。五是药剂防治。发病初期喷洒0.5%OS-施特灵（有效成分为氨基寡聚糖）水剂300~500倍液或52.5%恶酮·霜脲氰水分散粒剂1 500倍液或10%氰霜唑悬浮剂50~100毫克/升或72%霜脲·锰锌粉剂500~600倍液或70%丙森锌可湿性粉剂700倍液，每亩用对好的药液50~60升，连续防治2~3次。也可用50%多菌灵磺酸盐可湿性粉剂800倍液或12%松脂酸铜乳油600倍液灌根，每株灌对好的药液0.3升，隔10天左右1次，连续灌注3次。

7. 番茄叶霉病

（1）发病条件。叶霉病为真菌病害，病菌在病残体或种子上越冬，通过叶片表皮侵入植株，借助引种育苗进行传播，当气温在20℃左右，空气相对湿度在90%以上时，易发生叶霉病。

（2）主要症状。叶霉病可为害叶、茎、花、果，病叶有椭圆形浅黄色斑，叶背有白霉，继续发展叶两面有黑霉，叶片卷曲并呈黄褐色干枯，病茎有梭形黄褐斑，有黑霉，病花有淡黄病斑，并有黑霉，病果表面有黑色圆形凹陷硬斑。

（3）防治措施。一是选用抗病品种。二是播前种子用53℃温水浸种30分钟，晾干播种。三是发病严重的地区，应实行3年以上轮作，以减少初侵染源。四是采用生态防治法。加强棚内温湿度管理，适时通风，适当控制浇水，水后及时排湿，使其形成不利病害发生的温湿条件；适当密植，及时整枝打杈，按配方施肥，避免氮肥过多，提高植株抗病力。五是药剂防治。保护地于发病初期用硫黄粉熏蒸大棚或温室，每55平方米空间，用硫黄0.13千克、锯末0.25千克混合后，用木炭或红煤球点燃，于定植前把棚密闭，熏24小时。还可于发病初期用45%百菌清烟剂每亩每次250克，熏1夜或于傍晚喷撒7%叶霉净粉尘剂或5%春雷·王铜粉尘剂隔8~10天1次，连续或交替轮换施用。

8. 番茄青枯病（又称细菌性枯萎病）

（1）发病条件。青枯病属于细菌性病害。病菌在病残体上越冬，通过根部或伤口侵入植株，借助雨水和田间作业传播，当气温在30℃以上，土壤含水量大于25%，又是酸性土壤时，则易发病。

（2）主要症状。为害叶片和茎。病株的幼叶萎蔫下垂，然后中下部叶片凋萎，有的植株一侧叶片萎蔫，病茎有水浸状褐色斑，维管束变褐，折断病茎后由伤口处流出白色菌脓，在病茎的下部易生长不定根。

（3）防治措施。一是提倡施用有机活性肥或生物有机肥，推广BB专用肥（掺混肥）。实行与十字花科或禾本科作物4年以上轮作，最好与禾本科进行水旱轮作。二是选用抗青枯病品种。三是选择无病地育苗，采用高畦栽培，避免大水漫灌。四是加强栽培管理。采用配方施肥技术，施用充分腐熟的有机肥或草木灰，改变微生物群落，或每亩施石灰100~150千克，调节土壤pH值。五是药剂防治。发病初期喷淋或浇灌50%氯溴异氰尿酸可溶性粉剂1 200倍液或53.8%氢氧化铜干悬浮剂1 000倍液或72%硫酸链霉素可溶性粉剂4 000倍液或72%硫酸链霉素与水合霉素1∶4混合制得复配剂或50%琥铜·乙膦铝可湿性粉剂400倍液或25%青枯灵可湿性粉剂800倍液，每株灌对好的药液0.3~0.5升，隔10天1次，连续灌2~3次。

9. 番茄溃疡病（又称鸟眼病）

（1）发病条件。番茄溃疡病属于细菌性病害，病菌在种子上或病残体上越冬，通过表皮伤口侵入植株，借助引种、育苗及雨水传播，在温暖潮湿、结露多雨的环境中发病严重。

（2）主要症状。溃疡病可为害叶片、茎和果实，病叶似缺水状卷缩，有的植株一侧叶片凋萎，病茎的髓部变褐烂，或在茎部开裂生成不定根，潮湿时有白色脓状物溢出，病果有稍突起的圆斑，其边缘为白色，中央部分为褐色（似鸟的眼睛，故又称鸟眼病），后期果肉腐烂，并使种子带菌，有的幼果皱缩停长。

（3）防治措施。番茄溃疡病属于检疫性病害，因而应加强种子和苗木检疫，要认真清理田园，选择抗病品种，推广无土育苗或床土消毒，对种子进行消毒处理（可用52℃水搅拌浸种30分钟，或用200毫克/千克硫酸链霉素浸种2小时）；实行3年以上菜田轮作，或选用野生番茄加砧木进行嫁接；定植时用硫酸链霉素水浇灌定苗（每支硫酸链霉素加水15升）。发现病株及时拔除，全田喷洒53.8%氢氧化铜干悬浮剂1 000倍液，或40%硫酸链霉素可溶性粉剂2 000倍液。

10. 番茄病毒病

（1）发病条件。病毒病是由病毒引起的传染性病害，病毒可在种子上或病残体上越冬，通过汁液接触，由伤口侵入植株，借助蚜虫为害，由汁液接触或田园作业进行传播，在高温干旱及有蚜虫为害的情况下容易发病。

（2）主要症状。番茄病毒病叶片、茎和果实，病叶呈黄绿相间的花叶形，或呈线状蕨叶形。中下部叶片上卷，病茎有黑褐色斑块，有的扭曲停长，病果有云纹斑或褐色斑块，果实小而硬，整个植株矮化、丛生，有畸形花，结果少或不结果。

（3）防治措施。防治番茄病毒病，采用以农业防治为主的综防措施。一是针对当地主要病原，因地制宜选用抗病品种，二是实行无病毒种子生产。播种前用清水浸种 3~4 小时，再放入 10% 磷酸三钠溶液中浸 40~50 分钟，捞出后用清水冲净再催芽播种，或用 0.1% 高锰酸钾浸种 30 分钟；定植用地实行 2 年以上轮作。三是加强田间管理。预防高温干旱，例如，用遮阳网防高温防强光照，与高秆作物玉米等间作套种，以达到遮光降温效果。另外，在移苗时不要伤根，在田间管理时不要损伤植株。四是提倡采用防虫网，防止蚜虫传毒。五是预防病毒可喷 20% 吗胍·乙酸铜可湿性粉剂 500 倍液，每亩用药液 50 千克。

二、茄子

茄子，又称落苏、昆仑瓜。

（一）生物学特性

1. 形态特征

茄子属于茄科茄属 1 年生草本植物。它根系发达，易木质化，而且再生能力差。茎直立粗壮，有多级分枝，主茎长到一定节数后则顶芽变花芽，茎和枝条易木质化。叶片呈卵圆形或椭圆形，单叶互生，叶色深绿或带紫色。花为白色或紫色、筒状两性花，花萼宿存。果实为浆果，成熟后为黑紫色或乳黄色。胎座是海绵状薄壁组织，如未授粉易出现僵果。种子扁平，肾脏形，紫褐色，光滑坚硬，千粒重 4~5 克。

2. 对环境条件的要求

茄子喜温耐热。

（1）温度条件。适应温度 15~35℃，适宜温度 22~32℃；种子发芽适温 25~30℃，苗期适温 20~30℃，生长期适温 25~30℃。

（2）水分要求。空气相对湿度为 70%~80%，土壤含水量在 15% 左右。

（3）光照条件。茄子为强光短日照植物，光照的补偿点为

2 000勒克斯，光饱和点为4万勒克斯，在短日照条件下有利于开花结实。

(4)营养条件。茄子喜肥耐肥，茎叶生长以氮肥为主，结果期需氮、磷、钾肥配合施用。一般每生产1 000千克茄子，需氮2.95千克、磷0.63千克、钾4.78千克。茄子喜中性至微酸性土壤，以土层深厚、富含有机质的冲积土壤最好。

(二)育苗技术

1. 播种育苗期

茄子喜高温强光，而且生长期长，如果管理得好，可获得春种、夏收、恋秋生长的效果。因此，一般只分为早茄子和晚茄子。早茄子可在12月至翌年1月保护地育苗，3—4月定植；晚茄子在4月育苗，5—6月定植。茄子在冬、春温室和早春大棚里也可栽培，多在12月至翌年1月温室育苗，3—4月定植。

2. 品种和播种量

促成栽培和早春栽培，一般多选用早熟品种，例如选用五叶茄、六叶茄、辽茄1号等。在春季露地和秋季延后栽培，多选用中晚熟品种，例如选用七叶茄、长茄1号、油瓶茄、辽茄3号、丰研1号、九叶茄、东光白茄等。每亩播种量50克左右。

3. 种子消毒与催芽

茄子种皮厚，浸种催芽时间长。先用凉水泡种2~3分钟，然后用50℃温水搅拌浸种15分钟，捞出后用清水淘净，再用室温水浸泡1昼夜，然后再用清水淘净，用湿布包好放到28℃条件下催芽，并每4~6小时用清水淘洗1次，一般经4天即可出芽。也可在28℃条件下，每6小时用温清水淘洗1次，经2~3天即可出芽。当80%以上种子发芽，即可播种。

4. 配制床土与药土

配制床土的做法是：选肥沃的园田土4份，腐熟的马粪3份，过筛的细炉渣3份，均匀混合后，每立方米床土再混合加入1 000克过磷酸钙即可。播种床平铺床土5厘米厚，分苗床平铺床土10厘米厚，或将床土装营养钵。配制药土的做法是：用50%多菌灵可湿性粉剂与50%福美双可湿性粉剂按1∶1混合，或25%甲霜灵可湿性粉剂与70%代森锰锌可混性粉剂按9∶1混合，按每平方米用药8~10克，加15~30千克细土混合，即制成药土备用。

5. 播种与籽苗管理

播种前，先将苗床用温水浇透，然后每平方米床土上普撒1千克药土，随后每平方米播种20克左右，播后再普撒2千克药土和细潮土覆盖（总厚度0.8~1厘米），然后盖上塑料膜保温保湿。籽苗出土前，床土温度应控制在20~25℃，出苗后可揭开塑料膜降温降湿，这时地温应控制在18℃左右，气温保持在25℃左右。床土太湿时，要扦土或撒细干土控摘。

茄子移苗应在花芽分化前进行，一般株行距为10厘米×10厘米，移苗期要保证温度在28℃左右。若床土潮湿，在缓苗后即应降温降湿。

6. 幼苗与成苗期管理

茄子秧苗花芽分化为2叶1心期，在播后30天左右。在分化期，为了促使雌花增多和促使开花节位低，应调节温度白天为30℃，夜间25℃，这样有利于花芽分化。如果这个时期处于低温条件，花芽分化迟缓，但长柱花多。长到4叶期，则花芽分化完毕，对温湿度的管理恢复正常。因茄子根易木栓化而不耐移植，所以一般只移苗1次。茄子的籽苗期与幼苗期易患猝倒病，所以要尽量控水，土温不可低于15℃。到成苗期，为了预防脱肥，可随着浇水适当追施速效化肥。当达到一定苗龄后即可移栽，在定植前1周要进行降温降湿，以锻炼秧苗。

7. 壮苗的标准

苗龄60~80天，株高15厘米左右，长出7~9片真叶，叶片大而厚，叶色浓绿带紫，茎粗黑绿带紫，长花柱已现大蕾，根系多无锈根,全株无病虫害、无机械损伤。

8. 苗期的异常现象及防治对策

土温低而干旱,易形成僵苗和老小苗,植株矮小,茎叶细而黄绿,根发锈。防治对策是:浇温水或锄耪松土,以提高地温。

夜温过低,叶片向下弯曲,叶柄与茎的夹角开大,叶细尖。防治对策是:加强保温,或用电热线加热育苗。

茄子叶面积大,蒸腾旺盛,需水量多,又因易木质化,所以要控制蹲苗或不蹲苗。

茄子在移苗时应适当深栽,只要露出叶片即可,这样有利于根系发育和缓苗。

(三) 适时定植

茄子定植时间必须是终霜期以后,保证10厘米深处的地温稳定在15℃以上。

定植前必须整地施肥,每亩施优质腐熟粗肥6 000千克以上、过磷酸钙20千克,普撒肥料后深翻30厘米,平整后做成高垄,垄距1.2米,垄高15厘米,大垄中间开一水沟,然后覆上地膜。一般要在定植前1周,覆地膜烤地增温。

定植方法是:按大垄双行、内紧外松的方法定植,小行距50厘米,株距40厘米,用打孔器打孔后,将带有壮秧的土坨栽到埯内。可以适当深栽,露出子叶为宜,然后浇水封埯。为了预防黄萎病,在定植时可用50%多菌灵可湿性粉剂500倍液蘸根。

(四) 定植后的管理与采收

定植后缓苗前要保温保湿,白天调节气温在28~30℃,夜温保持20℃以上,地温控制在16℃左右,土壤保持潮湿。当新叶开始生长,新根出现,证明已经缓苗。这时应适当降温降湿,白天控温在25~28℃,夜间保持在17℃左右,地温控制在15℃。在保护地,可通过放风或锄耪散墒。在现蕾开花期,要控制水肥,一般在门茄长到3厘米大小时,再开始水肥管理。这时是营养生长和生殖生长同时进行的时期,可随浇水每亩施尿素15千克,晴天可用0.2%的磷酸二氢钾进行叶面喷肥。

要适时打叶与蘸花。当门茄长到3厘米大小时,就可去掉第一侧枝以下的叶片,以减少营养消耗。全生育期都要及时摘掉病老黄叶,以利于通风透光。每个花序下只留1个侧枝,其余的去掉。为了防止落花落果,当花瓣变紫或开花的当天,可用40~55毫克/千克的番茄灵喷花。这种方法,不仅方便,效果好,而且还不易产生药害。

茄子坐果率与花的质量有关,一般花小、色浅、梗细、柱短的花不结果。预防的办法是:温度不可过高或过低,控温在25~28℃即可;昼夜温差不可太小,夜温应控制在18℃左右;地温必须大于15℃;土壤保持湿润,而且要营养充足,适当增施磷、钾肥。在连阴雨天,保护地可人为增加光照,补充光照的光源要保持离植株顶端1米以外。每补充1 000勒克斯的光量,需要3 000勒克斯以上的光源才能满足。一般每平方米补充75勒克斯或100勒克斯光照即可。补充光照可用BR型农用荧光灯,也可在棚室内挂镀铝反光幕以增加光照。这样,就可减少短柱的无效花。

对于度夏生产的茄子,必须预防干旱和沥涝,热雨过后要及时进行涝浇园,以保证根系的正常代谢功能。

对于恋秋生长的茄子,不仅要加强病虫害防治,而且在高温期过后要及时整枝修剪,剪掉内膛枝和徒长枝,摘掉病老残叶。同时,要加强水肥管理,还可进行叶面喷肥,以促进开花结果。

要正确掌握茄子采收的时机和标准。当果实充分长大,有光泽,近萼片边沿的果皮变白或变浅紫色时,即可采收。在盛果期,每隔2~3天即可采收1次。由定植到采收,早熟品种40~50天,中熟品种50~60天,晚熟品种在60天以上。茄子产量有两个高峰期:第一个高峰期为四面斗时期,第二个高峰期为满天星时期（即第四到五级侧枝的结果期）。果实达到采收标准应及时采收，如果遇有连阴雨天还应适当提前采收，以免受病虫为害。

（五）茄子生产历程

茄子生产历程，如表2-5所示。

表2-5 茄子生产历程表

栽培形式	播种期	定植期	采收期
温室秋冬茬	7月中旬至8月上旬	8月下旬至9月下旬	10月下旬至翌年1月下旬
温室冬春茬	12月下旬至翌年2月上旬	3月上旬至4月上旬	4月中旬至6月下旬
春阳畦	11月下旬至12月下旬	翌年3月上旬至3月下旬	4月下旬至6月下旬
春塑料棚	12月上旬至翌年1月上旬	3月上旬至4月上旬	4月下旬至7月上旬
早春地膜	1月上旬至1月下旬	4月上旬至5月上旬	5月下旬至7月上旬
春露地	2月上旬至3月上旬	5月上旬至5月中旬	6月下旬至8月上旬
恋秋茬	4月上旬至5月上旬	5月下旬至6月下旬	7月下旬至9月下旬
秋延后	4月下旬至5月中旬	6月中旬至7月上旬	8月中旬至11月上旬

（六）病虫害防治

1. 茄子绵疫病（又称掉蛋、水烂或烂茄子）

（1）发病条件。茄子绵疫病属于真菌性病害。病菌以卵孢子随病残组织在土壤中越冬，穿透表皮侵入植株，借风雨或育苗传播，形成再侵染。病菌生长发育适温28~30℃，适宜发病温度为30℃，空气相对湿度85%有利于孢子形成，95%以上菌丝生长旺盛。因此，高温多雨、湿度大成为此病流行条件。地势低洼、土壤黏重的下水头及雨后水淹，管理粗放和杂草丛生的地块，发病重。

（2）主要症状。茄子绵疫病主要为害果实、叶、茎、花器等部位。近地面果实先发病，受害果初现水浸状圆形斑点，稍凹陷，果肉变黑褐色腐烂，易脱落，湿度大时，病部表面长出茂密的白色棉絮状菌丝，迅速扩展，病果落地很快腐败。茎部染病初呈水浸状，而后变暗绿色或紫褐色，病部缢缩，其上部枝叶萎垂，湿度大时上生稀疏白霉。叶片被害，呈不规则或近圆形水浸状淡褐色至褐色病斑，有较明显的轮纹，潮湿时病斑上生稀疏白霉。幼苗被害引起猝倒。

（3）防治措施。一是选用抗病品种。如湘茄4号、承茄1号、兴城紫圆茄、通选1号、济南早小长茄、辽茄3号、丰研1号、四川墨茄、竹丝茄、青选4号等。二是实行3年以上轮作，选高低适中、排灌方便的田块，秋冬深翻，施足酵素菌沤制的堆肥或腐熟的有机肥，采用高垄或半高垄栽植。三是加强田间管理。及时中耕、整枝，摘除病果、病叶；采用地膜覆盖，增施磷、钾肥等。四是药剂防治。发病初期喷洒66.8%丙森·缬霉威可湿性粉剂600~800倍液或52.5%噁酮·霜脲氰水分散粒剂1 500倍液或70%乙铝·锰锌可湿性粉剂500倍液或70%丙森锌可湿性粉剂600倍液或72.2%霜霉威水剂600倍液或60%锰锌·氟吗啉可湿性粉剂800倍液或69%烯酰·锰锌可湿性粉剂600倍液。隔7~10天1次，防治2~3次，同时要注意喷药保护果实。

2. 茄子黄萎病（又称半边疯或黑心病）

（1）发病条件。茄子黄萎病属于真菌性病害。病菌随病残体在土壤中越冬，土壤中病菌可存活6~8年，借风、雨、流水或人畜及农具传到无病田。翌年病菌从根部的伤口或直接从幼根皮及根毛侵入，并扩展到枝叶，该病在当年不再进行重复侵染。病菌发育适温 19~24℃，最高 30℃，最低 5℃。一般气温低，定植时根部伤口愈合慢，利于病菌从伤口侵入；从茄子定植到开花期，日平均温度低于 15℃，持续时间长，发病早而重，如此期间气候温暖，雨水调和，病害明显减轻；地势低洼、施用未腐熟的有机肥，灌水不当及连作地发病重；有时冷凉天气，直接浇灌井水，会使地温降至 15℃ 以下，如此灌水一次也可导致该病发生蔓延。

（2）主要症状。茄子黄萎病可为害叶片、茎和根。苗期发病少，成株多在坐果后开始表现症状，且多自下而上或从一边向全株发展。叶片初在叶缘及叶脉间变黄，后发展至半边叶片或整片叶变黄，早期病叶晴天高温时呈萎蔫状，早晚尚可恢复，后期病叶由黄变褐，终致萎蔫下垂以致脱落，严重时全株叶片变褐萎垂以至脱光仅剩茎秆。本病为全株性病害，病株的根、茎、分枝及叶柄等部，可见维管束变褐。

（3）防治措施。一是选用抗病品种。如吉茄 1 号、长茄 1 号、9808 茄子、承茄 1 号、齐杂茄 3 号、湘茄 4 号、蒙茄 3 号、熊岳紫长茄、辽茄 3 号、齐茄 1 号、丰研 1 号、海茄、湘杂 7 号、齐杂茄 2 号、沈茄 2 号、龙杂茄 2 号等。二是进行种子处理。播种前种子用 0.2% 的 50% 多菌灵可湿性粉剂浸种 1 小时，或 55℃ 温水浸种 15 分钟，移入冷水中冷却后催芽播种。三是与非茄科作物实行 4 年以上轮作。与葱蒜类轮作效果较好，尤其与水稻轮作 1 年即可奏效。四是土壤处理。每平方米苗床或定植田用棉隆微粒剂 10~15 克与 15 千克过筛细干土充分拌匀，撒在畦面上，后耙入土中，深约 15 厘米，拌后耙平浇水，覆地膜，使其发挥熏蒸作用，隔 10 天后播种或分苗，否则会产生药害。定植田还可用 50% 多菌灵可湿性粉剂进行土壤消毒，每亩用 2 千克。五是嫁接防病。用赤茄、平茄、托鲁巴姆等作砧木，栽培茄作接穗，进行嫁接，确有实效。六是药剂防治。发病初期提倡喷洒立枯消 600 倍液或用治枯灵 12 克对水 25 升或 10% 治萎灵水剂 300 倍液，隔 10~15 天 1 次，连喷 2 次；或浇灌 60%

多菌灵盐酸盐可溶性粉剂 600 倍液或 50%多菌灵磺酸盐可湿性粉剂 700 倍液或 70%黄萎绝可湿性粉剂 600 倍液，每株灌对好的药液 100 毫升，5~7 天 1 次。

3. 茄子青枯病

（1）发病条件。茄子青枯病属于细菌性病害。病菌在土壤里越冬，通过根茎的伤口处侵入植株，借雨水或育苗的床土进行传播。当土温在 25℃以上，空气相对湿度在 80%以上时，在酸性土壤中易发病。

（2）主要症状。茄子青枯病为害叶片和茎。病叶呈现浅绿色萎蔫状，后期病叶变褐枯焦。病茎外部变化不明显，如剖开病茎基部的木质部位变褐，髓部腐烂形成空腔，潮湿时有乳白色黏液。

（3）防治措施。选用抗病品种；实行 5 年以上菜田轮作；对种子和床土进行消毒；调节土壤的酸碱度，使其中性偏碱；每亩土壤可用 100 千克消石灰粉普撒后，深翻 15 厘米。在发病初期，可喷施 40%细菌快克可湿性粉剂 600 倍液或 10%恶醚唑水分散粒剂 2 000 倍液或喷施琥胶肥酸铜可湿性粉剂 5 000 倍液；也可用上述药液灌根，每株灌药液 500 克，10 天灌 1 次，连灌 3 次。

4. 茄子病毒病

（1）发病条件。茄子病毒病是由病毒引起的传染性病害。病毒可在多种寄主上越冬，有的种子也可带毒，通过植株叶片的伤口侵入植株，借助蚜虫、汁液接触及田间作业传播。在高温干旱气候、管理粗放、田边杂草多或有蚜虫的环境里，易大面积发生。

（2）主要症状。常见有 3 种症状。花叶型：整株发病，叶片黄绿相间，形成斑驳花叶，老叶产生圆形或不规则形暗绿色斑纹，心叶稍显黄色；坏死斑点型：病株上位叶片出现局部侵染性紫褐色坏死斑，大小 0.5~1 毫米，有时呈轮点状坏死，叶面皱缩，呈高低不平萎缩状；大型轮点型：叶片产生由黄色小点组成的轮状斑点，有时轮点也坏死。

（3）防治措施。一是选用耐病毒病的茄子品种或选无病株留种。二是用10%磷酸三钠浸种20~30分钟。三是早期防蚜避蚜，减少传毒介体。塑料大棚悬挂银灰膜条避蚜。四是加强肥水管理，铲除田间杂草，提高寄主抗病力。五是药剂防治。喷洒2%宁南霉素水剂500倍液或24%混脂酸·铜水剂700倍液或3.85%三氮唑核苷·铜·锌水乳剂500~600倍液或20%吗胍·乙酸铜可湿性粉剂500倍液或10%混合脂肪酸铜水剂100倍液，隔10天左右1次，连续防治2~3次。

5. 茄子褐纹病

（1）发病条件。茄子褐纹病是一种真菌性病害。病菌多以菌丝体和分生孢子在土表病残体组织上，或以菌丝潜伏种皮内，或以分生孢子附着在种子上越冬，一般存活2年。翌年，带菌种子引起幼苗发病，土带菌引起茎基部溃疡。通过风、雨及昆虫进行传播和再侵染。田间气温28~30℃，空气相对湿度高于80%，持续时间比较长，或连续阴雨，此病易流行。此外，病情与栽培管理和品种有关，一般多年连作或苗播种过密，幼苗瘦弱，定植田块低洼，土壤黏重，排水不良，偏施氮肥发病重。

（2）主要症状。茄子褐纹病主要为害叶、茎及果实，苗期、成株期均可被害。幼苗染病，茎基部出现褐色凹陷斑，叶片初生苍白色小点，扩大后呈近圆形至多角形斑，边缘深褐色，中央浅褐色或灰白色，有轮纹，上生大量黑点。茎部染病，病斑梭形，边缘深紫褐色，中间灰白色，上生许多深褐色小点，病斑多时连接成几厘米的坏死区，病部组织干腐，皮层脱落，露出木质部，容易折断。果实染病，产生褐色圆形凹陷斑，上生许多黑色小粒点，排列成轮纹状，病斑不断扩大，可达整个果实，病果后期落地软腐，或留在枝干上，呈干腐状僵果。

（3）防治措施。一是提倡施用有机活性肥或生物有机复合肥，实行2年以上轮作。二是选用抗病品种。长茄较圆茄抗病；

白皮茄、绿皮茄较紫皮茄抗病。耐病品种有金园早茄 1 号、9808 茄子、北京线茄、成都竹丝茄、天津二根、吉林羊角茄、铜川牛角茄、灯泡茄等。三是从无病茄子上采种。播种前，种子用 55℃ 温水浸种 15 分钟，或 52℃ 温水浸种 30 分钟，再放入冷水中冷却，晾干后播种；或采用 50% 多菌灵可湿性粉剂和 50% 福美双可湿性粉剂各 1 份，泥粉 3 份，混匀后，用种子重量 0.1% 拌种。四是苗床消毒，苗床需每年更换新土。播种时，每平方米苗床用 50% 多菌灵可湿性粉剂 10 克，或 50% 福美双可湿性粉剂 8~10 克拌细土 20 千克制成药土，取 1/3 撒在畦面上，然后播种，播种后将其余药土覆盖在种子上面，即上覆下垫，使种子夹在药土中间。五是加强田间管理，培育壮苗。施足基肥，促进早长早发，把茄子的采收盛期提前在病害流行季节之前均可有效地防治此病。六是药剂防治。结果后开始喷洒 75% 百菌清可湿性粉剂 600 倍液或 80% 代森锰锌可湿性粉剂 600 倍液或 12% 松脂酸铜乳油 500 液或 47% 春雷·王铜可湿性粉剂 600 倍液，视天气和病情隔 10 天左右 1 次，连续防治 2~3 次。使用代森锰锌的每个生长季节只能使用 1 次，防止锰离子超标。

6. 茄子的虫害

茄子的主要害虫，有 28 星瓢虫、红蜘蛛和地老虎。对 28 星瓢虫的成虫，可以捕捉或诱杀，对其幼虫可喷施菊酯类药或喷施高效氯氟氰菊酯乳油 300 倍液进行防治。防治红蜘蛛，可喷施 1.8% 阿维菌素乳油 3 000 倍液或 2.5% 联苯菊酯乳油 1 500 倍液或 15% 哒螨灵乳油 3 000 倍液，交替使用。防治地老虎，可用堆青草法诱杀，或用毒饵毒土进行诱杀。

三、青椒

青椒又名甜椒、菜椒、柿子椒等。

（一）生物学特性

1. 形态特征

青椒属于茄科、茄属 1 年生或多年生草本植物。根为浅根系，根量少，而且不易生不定根。茎直立，易木质化，可有多级分枝，其中无限分枝型植株高大，有限分枝型植株矮小，簇生结果。叶为卵圆形，单叶互生。花为白色，单生或簇生，自花授粉。果为圆锥形、桶形或灯笼形浆果，成熟时有红色、黄色、紫色等多种颜色。种子扁平，肾脏形，淡黄色，千粒重4~7克。青椒的果实和种子内含有辣椒素，有辣味。

2. 对环境条件的要求

对温度的要求是：适应温度范围为15~35℃，适宜的温度为25~28℃，发芽温度28~30℃。对水分条件的要求是：喜湿润，怕旱怕涝，要求土壤湿润而不积水。对光照条件的要求是：对光照要求不严，光照强度要求中等，光补偿点为0.15万勒克斯，光饱和点为3万勒克斯，每天日照10~12小时，有利于开花结果。青椒的生长发育需要充足的营养条件，每生产1 000千克青椒，需氮2 000克、磷1 000克、钾1 450克，同时还需要适量的钙肥。对土壤的要求，以潮湿易渗水的沙壤土为好，土壤的酸碱度以中性为宜，微酸性也可。

(二) 育苗技术

1. 播种育苗期

青椒系喜温暖、短日照作物。在露地栽培，一般在冬季12月至翌年2月播种，3—5月定植。在越夏栽培中，需要有遮阳、防暴雨等保护措施。在温室栽培青椒，必须是抗寒耐热的早熟丰产品种，可在12月育苗，翌年3月定植。栽培秋冬茬青椒，育苗正值高温的8月，所以要采取遮阳降温措施，后期还要有保温措施。青椒育苗的苗龄较长，要预防老化苗和脱肥现象。目前，多推广小苗龄定植（育苗期在1个半月左右）。

2. 品种和播种量

在早春保护地栽培青椒，多选用早熟品种，如中蔬13、甜杂6号、2号、海花3号、早丰1号等。中早熟品种有辽椒3号、双丰甜椒等。在露地栽培，多选用中熟品种，如茄门、三道筋、大牛角椒、巨早-851、津椒3号、沈椒4号、世界冠军、冀椒1号等。甜椒的栽培密度大,多采用双株穴栽方式。在冬、春季育苗时,发芽率与成苗率较低,必须加大播种量。一般每亩用种量150克。

3. 种子消毒与催芽

播种前,先将干种子放在70℃条件下烘烤72小时,然后将种子放在55℃水中搅拌浸种15分钟,接着用温水浸泡10小时,捞出后放在25~30℃的保湿条件下催芽。而后每天用清温水淘洗4~6次,4天后发芽率可达70%左右,这时即可播种。

4. 配制床土与药土

按肥沃的园田土4份,腐熟的大粪干粉1份和细炉灰渣1份的比例,分别过筛后均匀混合,然后每立方米床土再加入过磷酸钙5千克、三元复合肥1千克,均匀混合后装入营养钵或纸袋中,或在播种床内平铺5~10厘米厚。配制药土,可用50%多菌灵和50%福美双各5克,与15千克细干土混合均匀后,即为药土,留以备用。

5. 播种与好苗期管理

在冬、春季保护地生产,可在土温16℃左右、气温20℃以上时播种。先将床土用温水浇透,然后覆盖筛过的潮床土,每平方米再普撒药土10千克(总厚度1厘米),接着在每平方米床土播种50克左右。播后再覆药土5千克和过筛细潮土1厘米厚,然后再盖塑料膜保温保湿。为了防止出土戴帽,可在幼苗刚拱土时,再覆细土0.5厘米厚。在保持床土20℃条件下,一般经5~7天即可出苗。出苗后,揭开塑料膜降温降湿,保持床土16~20℃,气温20~25℃。如发现苗床有裂缝,可轻撒一层细沙土弥缝。当籽苗长到2叶1心期,即可分苗,或者将苗移栽到营养钵或纸袋内。每两株籽苗为一撮。如只进行1次分苗,穴距8厘米×10厘米;如两次分苗,第一次分苗的苗距可为5厘米×5厘米,第二次分苗的苗距可为10厘米×10厘米。移栽后,浇足底水，再覆细潮土 1.5~2 厘米，随后覆盖塑料膜保温保湿，气温控制在 25~28℃。待缓苗后，即可揭掉塑料膜，降温降湿。

青椒长到 2~3 真叶期，为花芽分化期（在播后 35 天左右）。为了促进开花和结果节位低，应适当降温，地温控制在 16℃ 左右，气温保持在 20℃ 左右；同时，提供短日照，日光照以 8~10 小时较好。4 真叶以后，则恢复正常的温湿度管理。

6. 幼苗与成苗期管理

在保证营养面积的基础上，要满足正常的温湿度条件，及时除草防病。在幼苗定植前半个月左右，应结合浇水，在每平方米苗床追施硫酸铵 50 克，随后适当松土，但不要伤根。在定植前 1 周，应再随水在每平方米追施尿素 50 克。然后，则控温控水蹲苗，促发新根，以利定植后的缓苗。同时，定植前必须达到壮苗标准。

7. 壮苗的标准

苗龄在 60~80 天，株高 15 厘米左右，茎粗 0.4 厘米以上，叶片 8~10 真叶，颜色浓绿，90% 以上的秧苗已现蕾，根系发育良好，无锈根，无病虫害和机械损伤。

8. 育苗注意事项

如遇低温，则茎节变短，茎细，叶片小，生长慢。如夜温低，则叶柄短，叶片下垂，易出现锈根；夜温高，则叶柄长，下胚轴长，植株细弱。

土壤缺水时，叶片下垂，叶柄弯曲，呈黄绿色。

如果基肥的生粪多或铵态氮多，则易出现亚硝酸为害，造成缺铁反应，即出现心叶黄化，根系少，吸收力弱，甚至于死苗。

青椒的植株易木质化，所以在育苗中可适当少蹲苗或不蹲苗。青椒的根系怕水涝，育苗时一定要注意排水防涝，千万不可积水。

青椒喜光又怕强光，喜湿又怕涝，喜肥又怕生粪，所以在栽培中必须掌握好限度,否则易造成损失。

(三) 适时定植

露地定植必须在终霜期过后,扣小拱棚可提前1周定植,应在10厘米地温稳定在15℃以上才可定植。定植前,先整地施肥,每亩施腐熟的优质农家肥5 000千克、磷酸二铵15千克。要选用排灌条件好的中性或微酸性沙质土壤,深翻20厘米,做成1.2米宽的大垄,垄中间开一水沟,然后覆地膜烤地。

定植时,要选择晴天中午,采取大垄双行、内紧外松的方法定植。用打孔器按一定的穴行距打孔,小行距50厘米,穴距40厘米,每亩3 500穴左右。打孔后,将带有2株壮秧的土坨栽入穴内,然后浇温水,待水渗下后及时封埯,随后可扣小拱棚,以利于保温保湿。也可栽苗后即封埯,稍镇压后再进行膜下暗灌,以水洇湿垄台(垄背)为准。

(四) 定植后的管理与采收标准

1. 缓苗前后的管理

缓苗前,以保温保湿为主。如无地膜覆盖,可进行中耕,以提高地温。当心叶开始生长或有新根出现时,则证明已经缓苗,这时就可适当降温降湿。缓苗后至开花前,一般不浇水,只有在干旱时浇小水。当门椒长至3厘米大小时,结合中耕进行施肥,每亩施腐熟的大粪干粉200克、尿素10千克。在培土后浇水,以水洇湿垄台为宜。对于覆盖地膜的可以扎眼施肥,或膜下暗灌,随水施肥。

2. 露地栽培管理

在封垄前,要结合施肥进行培土保根,争取在高温来临之前达到封垄水平(可以通过追肥浇水,促进茎叶生长)。追肥要做到氮、磷、钾肥配合使用,以促进秧棵健壮成长,防止落花落果。

3. 开园(开始采收)后的管理

门椒采收后,要及时浇小水,以促秧攻果,但要注意防止积水沥涝。夏天热雨过后，必须及时用井水漂园，以降低地温，保证根系正常生理代谢。此外，在高温季节，应早晚浇小水，在气温高于30℃时，夜晚也应浇小水（俗称偷水），以利于降低地温。

青椒喜温喜水喜肥，但又怕高温多雨大肥，所以要科学管理。当气温超过30℃，光照强度大于3万勒克斯时，就要进行遮阳管理，即罩遮阳网、盖塑料膜或支凉棚，以防病毒病和日灼病。青椒平作，必须在高温来临之前达封垄水平。如果与玉米等高秆作物套种，应以2行玉米、4行青椒的形式套种，这样既能满足玉米对强光的需要，又对青椒生长有利。为了防落花落果，可在开花期用浓度为15~25毫克/千克的防落素药液喷施1次。

高温多雨季节过后，为促进第二次结果高峰（恋秋生产），应及时浇水追肥，并要进行整枝、打杈、摘叶等植株调整。要剪掉内膛枝和老病残枝，以打开风、光的通路。在3级分枝以上留2片叶进行打尖，可控制营养生长。对新长出的枝条，留1果2叶进行打尖。摘掉下部的老叶病叶，以减少营养消耗。同时，还应再一次培土，以促发新根和防倒伏。此外，要进行叶面喷肥，例如喷施0.2%的尿素、磷酸二氢钾或白糖水等，都可促进植体加快生长，有利于开花结果。

4. 适时采收

对于不留种的青椒，以采收嫩果为主。当果皮变绿色，果实较坚硬，而且皮色光亮时，即可采收。从开花至采收，一般需20天左右。每亩产量在3 500~4 500千克。

如果需要留种，应留第二、第三、第四层分枝上的果实，待充分成熟，果皮变红或变黄时，再及时采收。有的采摘后再晾晒1周，以促后熟。

（五）青椒生产历程

青椒生产历程，如表2-6所示。

表 2-6 青椒生产历程

栽培形式	播种期	定植期	采收期
温室秋冬茬	7月下旬至 8月上旬	9月上旬至 9月下旬	10月下旬至 翌年2月上旬
温室冬春茬	11月下旬至 12月上旬	翌年2月下旬至 3月上旬	4月下旬至 6月下旬
阳畦春茬	12月上旬至 翌年1月中旬	3月上旬至 3月下旬	5月上旬至 7月上旬
春棚	1月中旬至 1月下旬	3月中旬至 4月上旬	5月中旬至 8月中旬
早春地膜	12月下旬至 翌年2月上旬	3月中旬至 5月上旬	6月下旬至 7月上旬
秋延后生产	7月中旬至 8月上旬	9月上旬至 10月中旬	11月下旬至 12月上旬

（六）病虫害防治

1. 青椒疫病

（1）发病条件。青椒疫病属于真菌性病害。病菌在土壤里或种子上越冬，通过近地表的果实和茎的表皮侵入植株。借助雨水或育苗传播。一般气温在 25~30℃、空气相对湿度在 90% 以上时，发病严重。

（2）主要症状。青椒苗期、成株期均受疫病为害，主要为害叶片、茎和果实。病叶有暗褐色圆斑，其边缘为黄绿色。病茎有水浸斑，病斑绕茎表皮扩展成黑褐色条斑，分枝处也有褐色斑，病部易缢缩折倒。病果的果蒂部有水浸暗绿斑，潮湿时长出白霉，呈褐色腐烂，干燥后成为褐色僵果。

（3）防治措施。一是前茬收获后及时清洁田园，耕翻土地，采用菜粮或菜豆轮作，提倡垄作或选择坡地种植。二是选用早熟避病或抗病品种；培育适龄壮苗，适度蹲苗，定植苗龄以 80 天左右为宜，不宜过长。但要求达到壮苗指标，即株高 15~20 厘米，茎粗 0.2 厘米，80% 现蕾时，每亩定植 3 200~3 500 株。

三是按配方施肥，提倡施用稳得高 301 活性生态肥或喷洒爱多收 6 000 倍液，或植宝素 7 000 倍液，提高抗病力。四是加强田间管理，预防高温高湿。五是药剂防治。

①种子消毒：先把种子经 52℃ 温水浸种 30 分钟或清水预浸 10~12 小时后，用 1% 硫酸铜液浸种 5 分钟，捞出后拌少量草木灰；也可用 72.2% 霜霉威水剂或 0.1% 的 20% 甲基立枯磷乳油浸种 12 小时，洗净后晾干催芽。

②栽植后喷洒或灌根：前期掌握在发病前，喷洒植株茎基和地表，防止初侵染。进入生长中期以后，以田间喷雾为主，防止再侵染。用 52.5% 恶酮·霜脲氰水分散粒剂 1 500 倍液或 70% 乙铝·锰锌可湿性粉剂 500 倍液或 66.8% 缬霉威可湿性粉剂 700 倍液或 72% 霜脲·锰锌可湿性粉剂 600~700 倍液。棚室保护地也可选用烟熏法或粉尘法，即于发病初期用 45% 百菌清烟雾剂，每亩每次 250~300 克，或 5% 百菌清粉尘剂，每亩每次 1 千克，隔 9 天左右 1 次，连续防治 2~3 次。

2. 青椒叶枯病（又称灰斑病）

（1）发病条件。青椒叶枯病属于真菌性病害。病菌在病残体或种子上越冬，通过叶片表皮侵入植株，借气流和雨水传播。在气温高于 24℃、空气相对湿度大于 85% 时，偏施氮肥的地块易发病。

（2）主要症状。青椒叶枯病为害叶片和茎。病叶为褐色小斑点，逐渐发展成灰褐色圆斑，干燥时病斑易穿孔脱落。病茎有灰褐色椭圆斑。病害一般由下部向上扩展，病斑越多，落叶越严重，严重时整株叶片脱光或秃枝。

（3）防治措施。一是种子包衣。每 50 千克种子用 10% 咯菌腈悬浮种衣剂 50 毫升，以 0.25~0.5 升水稀释药液后均匀拌和种子，晾干后催芽或播种。二是加强苗床管理，用腐熟厩肥做基肥，及时通风，控制苗床温湿度，培育无病壮苗；有条件的提倡与玉米、花生、大豆、棉花、豆类、十字花科 2 年以上轮作。三是加强田间管理，合理使用氮肥，增施磷、钾肥，或施用喷施宝、植宝素、爱多收等;定植后及时松土、追肥,雨季及时排水,严防湿气滞留。四是药剂防治。发病初期喷洒78%波尔·锰锌可湿性粉剂600倍液或60%多菌灵盐酸盐可溶性粉剂600倍液或75%百菌清可湿性粉剂600倍液或66.8%缬霉威可湿性粉剂700倍液或10%苯醚甲环唑水分散粒剂2 000倍液,隔10~15天1次,连喷2~3次,防治效果90%以上。

3. 青椒炭疽病

(1) 发病条件。青椒炭疽病属于真菌性病害。病菌在病残体或种子上越冬,通过叶片或果实的表皮及伤口处侵入植株,借助风雨、田间作业和育苗传播。当气温在15~30℃、空气相对湿度90%以上时,则易发病。

(2) 主要症状。青椒炭疽病可为害叶片和果实。病叶有水浸状褐色圆形斑,病斑上轮生小黑点。病果有水浸状褐色圆形斑,病斑逐渐凸起,形成灰褐色同心轮纹斑,轮纹上有小黑点,潮湿时分泌出红色黏稠物质,使病果呈半软腐状,干缩后病斑呈膜状缸裂,果柄上有褐色凹陷斑,易干缩开裂。

(3) 防治措施。一是种植抗病品种。二是选无病株留种或种子用30%苯噻氰乳油1 000倍液浸种6小时,带药催芽或直接播种。或进行种子包衣,每5千克种子用10%咯菌腈悬浮种衣剂10毫升,先以100升水稀释药液,而后均匀拌和种子。或用55℃温水浸30分钟后移入冷水中冷却,晾干后播种。也可用次氯酸钠溶液浸种,在浸种前先用0.2%~0.5%的碱液清洗种子,再用清水浸种8~12小时,捞出后置入配好的次氯酸钠溶液中浸5~10分钟,冲洗干净后催芽播种。三是发病严重的地块实行与瓜、豆类蔬菜轮作2~3年。四是采用营养钵育苗,培育适龄壮苗。五是加强田间管理,避免栽植过密;采用配方施肥技术,避免在湿地定植;雨季注意开沟排水,预防果实日灼。六是药剂防治。发病初期开始喷洒25%咪鲜胺乳油1 000倍液或50%咪鲜胺可湿性粉剂1 000倍液或25%溴菌腈可湿性粉剂500倍液或70%丙森锌可湿性粉剂600倍液或80%波尔多液可湿性粉剂

400倍液或80%炭疽福美可湿性粉剂800倍液，7~10天1次，连续防治2~3次。

4. 青椒枯萎病

（1）发病条件。青椒枯萎病属于真菌性病害。病菌在土壤中越冬，通过近地表的茎叶表皮或伤口侵入植株，借助风雨和育苗传播，当气温24~28℃、土壤湿度大时，则易发病。

（2）主要症状。青椒枯萎病可为害叶片、茎和根部。病株下部叶片逐渐萎蔫脱落，以后影响到上部叶片萎蔫。病茎基部的皮层呈水浸状腐烂，使茎的上部一侧或全株的茎叶萎蔫。后期全株枯死，病根的皮层呈水浸状软腐，木质部变成暗褐色，潮湿时生有白色或蓝绿色霉状物。

（3）防治措施。提倡施用酵素菌沤制的堆肥或生物有机复合肥或海藻肥；加强田间管理，与其他作物轮作；选种适宜本地的抗病品种；选择易排水的沙性土壤栽种；合理灌溉，加强菜地沟渠管理，尽量避免田间过湿或雨后积水。发病初期喷洒或浇灌50%氯溴异氰尿酸可溶性粉剂1 000倍液或35%甲霜·福美双可湿性粉剂800倍液或3%甲霜·恶霉灵水剂800倍液，每株灌对好的药液0.4~0.5升，视病情连续灌2~3次。

5. 青椒疮痂病

（1）发病条件。青椒疮痂病属于细菌性病害。病菌在种子上越冬，通过叶片的气孔或伤口侵入植株，借助雨水和昆虫的活动传播。此病易在高温多雨的7—8月雨后发生，尤其是台风或暴风雨后容易流行，潜育期3~5天。发病适温27~30℃，高湿持续时间长，叶面结露对该病发生和流行至关重要。

（2）主要症状。青椒疮痂病为害叶片、茎蔓和果实。病叶有黄褐色水渍状轮纹，病斑呈凸起的疮痂状。茎蔓染病则有水浸状条斑，后期木栓化纵裂成疮痂。病果上有圆形墨绿色斑突起，后期干腐呈疮痂状。

（3）防治措施。一是选用抗病品种。二是选用无病种子，从无病株或无病果上选留生产用种。三是种子消毒。先把种子用清水浸泡 10~12 小时后，再用 0.1%硫酸铜溶液浸 5 分钟，捞出后拌少量草木灰或消石灰，使其成为中性再进行播种，也可用 52℃温水浸种 30 分钟后移入冷水中冷却再催芽。四是实行 2~3 年轮作。五是药剂防治。发病初期开始喷洒 53.8%氢氧化铜干悬浮剂 1 000 倍液或 36%氧化亚铜水分散粒剂 1 000 倍液或 78%波尔·锰锌可湿性粉剂 500 倍液或硫酸链霉素·土霉素 4 000 倍液或 72%硫酸链霉素可溶性粉剂 3 000 倍液或 47%春雷·王铜可湿性粉剂 700 倍液。隔 7~10 天 1 次，共防 2~3 次。

6. 青椒软腐病

（1）发病条件。青椒软腐病属于细菌性病害。病菌在病残体上越冬，通过果皮或伤口侵入植株，借雨水、灌溉和昆虫活动传播。在气温 25~30℃、空气相对湿度 90%以上的阴雨天，易流行此病。此外，如果脐腐病又受软腐细菌的侵染，也易引起软腐病。

（2）主要症状。青椒软腐病主要为害果实。病果有水浸状暗绿色斑，后期果皮变白，果肉呈褐色，腐烂并有臭味，干燥时果实干缩，并且仍挂在枝条上。

（3）防治措施。一是实行与非茄科及十字花科蔬菜进行 2 年以上轮作。二是及时清洁田园，尤其要把病果清除带出田外烧毁或深埋。三是培育壮苗，适时定植，合理密植。四是保护地栽培要加强放风，防止棚内湿度过高。五是及时喷洒杀虫剂防治烟青虫等蛀果害虫。六是药剂防治，雨前雨后及时喷洒 40%硫酸链霉素可溶性粉剂 2 000 倍液或硫酸链霉素·土霉素可溶性粉剂 4 000 倍液或 53.8%氢氧化铜干悬浮剂 1 000 倍液或 47%春雷·王铜可湿性粉剂 600 倍液或 86.2%氧化亚铜乳油 1 000 倍液。

7. 青椒病毒病

（1）发病条件。青椒病毒病是由病毒引起的传染病。病毒在病残体上越冬，通过茎、枝、叶的表层伤口侵入，通过昆虫活动、田间作业等方式由汁液接触而传染。若气温在20℃以上，空气干燥，而且有蚜虫的条件下，则易发病。

（2）主要症状。青椒病毒病常见有花叶、黄化、坏死和畸形4种症状。花叶分为轻型花叶和重型花叶两种类型：轻型花叶病叶初现明脉轻微褪绿，或现浓绿、淡绿相间的斑驳，病株无明显畸形或矮化，不造成落叶；重型花叶除表现褪绿斑驳外，叶面凹凸不平，叶脉皱缩畸形，或形成线，生长缓慢，果实变小，严重矮化。黄化：病叶明显变黄，出现落叶现象。坏死：病株部分组织变褐坏死，表现为条斑、顶枯、坏死斑驳及环斑等。畸形：病株变形，如叶片变成线状，即蕨叶，植株矮小，分枝极多，呈丛枝状。有时几种症状同在一株上出现，或引起落叶、落花、落果，严重影响青椒的产量和品质。

（3）防治措施。一是选用抗病品种。二是适时播种，培育壮苗。要求秧苗株型矮壮，第一分杈具花蕾时定植。三是种子用10%磷酸三钠浸种20~30分钟后洗净催芽，在分苗、定植前，或花期分别喷洒0.1%~0.2%硫酸锌。四是利用保护地设施，于终霜前20~25天定植，或采用塑料薄膜覆盖栽培，促其早栽、早结果，进入病毒病盛发期青椒已花果满枝，根系发达，植株老健，抗病能力增强。五是采用配方施肥技术，施足有机活性肥或BB蔬菜专用肥或腐熟有机肥，勤浇水。六是采用防虫网防治传毒蚜虫，减轻病毒病发生。七是药剂防治。喷洒20%吡虫啉可湿性粉剂3 000倍液，防治传毒蓟马、蚜虫；发病初期喷洒2%宁南霉素水剂500倍液或0.5%菇类蛋白多糖水剂200~300倍液或3.85%三氮唑核苷·铜·锌水乳剂600倍液或31%氮苷·吗啉胍可溶性粉剂1 000倍液及10%混合脂肪酸铜水剂100倍液，隔10天左右1次，连续防治3~4次。

8. 青椒虫害

青椒害虫主要有蚜虫和棉铃虫，防治措施可参考番茄虫害防治。

第三节 白菜类蔬菜无公害栽培技术

一、大白菜

大白菜,又称结球白菜。

(一)生物学特性

1. 形态特征

大白菜属于十字花科芸薹属能形成叶球的草本植物。它根系发达,有肥大的肉质直根和发达的侧根。茎粗大短缩,进入生殖生长期抽生花茎,花茎上端有分枝,花茎浅绿色,有蜡粉。叶片主要是中生叶,叶呈倒披针形,互生在短缩茎上,有叶翅而无叶柄,叶片绿色,大而薄,多皱有网状叶脉。花为总状花,十字形、黄色、完全花。果为圆筒形长角果,有果柄,成熟时纵裂。种子为紫褐色圆球形,千粒重2.5~4.2克。

2. 对环境条件的要求

大白菜为半耐寒性植物,不同品种和类型之间差异很大。对温度条件的要求是:生长的适应温度为5~30℃,适宜温度为15~23℃,在发芽和幼苗期要求温度稍高。对湿度条件的要求是:营养生长期需要水分较多,要求土壤潮湿,苗期较耐旱,开花结荚期喜空气干燥的晴天。对光照条件的要求是:在不同品种及不同生育阶段,要求光照条件不同,长日照有利于叶片展开,短日照有利于叶片直立抱球。对营养条件的要求是:大白菜对氮素敏感,对氮、磷、钾吸收的比例为1:0.47:1.33。为防止生理性病害,在营养生长时期还要施硼和钙、锰等微肥。每生产1 000千克大白菜,需要氮1.5千克、磷0.7千克、钾2千克。对土壤条件的要求是:大白菜对土壤的要求较严,最适宜的为土层深厚肥沃、易保水保肥的土壤或轻黏土壤,土壤酸碱度以中性为好。

(二) 育苗技术

1. 播种育苗期

我国北方多栽培秋季结球白菜，作为冬贮菜用。结球白菜既要求有温和的气候，在幼苗期又较耐寒抗热，可以在气温较高或较低的季节播种。我国北方多在8月播种，而且多采用直播。如果因土地腾茬困难，则应育苗移栽，一般苗龄20天左右。对于结球白菜的早熟品种，最好采取直播法。

2. 品种和播种量

大白菜早熟品种有春时极早生、卷翠、韩国白菜、热抗白45、四季王白菜、春秋54、韩国快白菜、小杂55与56、鲁白1号、连早等。中熟品种有鲁白2号、辽丰等。中晚熟品种有核桃纹、冀杂1号、冀菜3号、晋菜2号、玉青、麻叶、二包头等。每亩播种量100克左右。

3. 苗床准备

因结球白菜育苗期短，生长快，所以多用做畦法育苗。定植每亩生产田，需用秧苗畦30平方米，可以在生产田内就地做高畦。在每30平方米的畦内施用腐熟厩肥50千克、过磷酸钙1千克、尿素0.5千克，再适当掺些细沙或草木灰。肥料普撒均匀后，耕翻菜地15厘米深，耙平后做出的畦面应高出地面10厘米左右，以防积水沥涝。

4. 播种和苗期管理

在立秋前5~7天播种，在露地直播育苗需提早5~6天。播种前先将床面轻轻镇压，按10厘米行距划1厘米深的浅沟，将种子均匀播在沟内，然后覆土盖匀，保持土壤潮湿，经3~4天即可出苗。也可在播前浇底水渗下后按畦撒播种子，随后盖上1厘米厚的细土，保持土表湿润（干时可喷水），经3~4天即可出苗。为防止暴晒和大雨冲刷，应有遮阳防雨措施，如支塑料棚、扣遮阳网等。为了兼防蚜虫，最好用银灰色遮阳网。发现土表干裂，要及时喷水降温，保持潮湿。当幼苗长到 2 片真叶时，进行第一次间苗，株距 3~4 厘米。当幼苗长到 3~4 片真叶时，进行第二次间苗，株距 10 厘米左右。同时，要中耕除草，以蹲苗促根，及时防治虫害。在幼苗长到 5~6 片叶时，即可定苗或定植。

5. 结球白菜壮苗标准

株高 10~15 厘米，叶色深绿，5~6 片叶轮生并匀称，根系发达，无病虫害和机械损伤，品种无混杂现象。

6. 春季栽培结球白菜注意事项

一般在春季栽培结球白菜，必须提前 1 个月在温室或阳畦塑料棚内育苗，而且要有保温防寒设施，保证地温在 12℃ 以上、气温在 15℃ 以上，以避免低温条件下出现早期抽薹现象。

（三）定植与田间管理

1. 选地施肥整地

大白菜的前茬以葱蒜和豆类为好，切忌十字花科蔬菜茬。每亩施腐熟优质粗肥 5 000 千克，磷、钾复合肥 30 千克。肥料普撒后耕翻菜地 20 厘米，然后做垄，垄距 60 厘米，垄高 20 厘米，并将垄背推平，以备直接播种或定植。

2. 播种或定植

秋大白菜一般在 8 月上旬直播，如果育苗可提前 5~6 天播种。要造墒播种，直播和定植的株穴距为 40 厘米，每穴 3~5 粒种子。播后经 3~4 天即可出苗，在 7~8 天后进行间苗，在 4 叶期进行第二次间苗，每穴留 2 株。在 6~8 叶期（团棵前期），即可定苗，每穴留 1 株壮苗。如育苗移栽，每穴栽 1 株壮苗，栽后浇水封埯，经 5~6 天即可缓苗。如果在阴天移栽或栽后有小雨，则 1~2 天就缓苗。

缓苗后要及时中耕松土，以促根系生长和蹲苗。进入团棵期，每亩可穴施尿素 10 千克、过磷酸钙 10 千克，封埯后浇水促团棵，浇水以能洇湿垄背为准，不可大水漫灌。下雨过后，必须及时排水。

3. 田间管理

大白菜莲座期 26~28 天，是大白菜增加叶片数的关键期，其后期必须加强水肥管理，尤其土壤不可干旱。结球期 35~45 天，这是需要水肥的盛期。从抽筒期开始就要追施灌心肥，每亩可施尿素 15 千克或人粪尿 1 000 千克。结球初期应追施结球肥，每亩可施尿素 15 千克；同时还应对叶面喷肥，比如可喷施 0.2%磷酸二氢钾和 0.2%尿素等，以促大白菜包心。为了防止干烧心，除要增施磷、钾肥外，在莲座期和包心期还应喷施 0.7%氯化钙。

在田间作业时一定不要损伤叶片，中耕时不可损伤根部。浇水时不可大水漫灌，以预防软腐病害。在霜降前可以人工捆菜，以助包心。

收获期一般在 11 月中下旬，气温低于 5℃时则应及时收获。

（四）病虫害防治

1. 大白菜霜霉病（又称霜叶病或枝干病）

（1）发病条件。大白菜霜霉病属于真菌性病害。病菌在病残体或土壤中越冬，或附着在种子上，通过叶片的气孔侵入，如种子上带菌则直接产生病体，借助风雨或育苗等传播。当气温在 16~24℃、空气相对湿度为 70%~80%时，最易发病。

（2）主要症状。从苗期到包心期或种株开花到结荚期均易发病，为害子叶、真叶、花及种荚。苗期致子叶或嫩茎变黄后枯死。

真叶发病多始于下部叶背，初生水浸状淡黄色周缘不明显的斑，水浸状病斑持续较长时间后，病部在湿度大或有露水时长出白霉，或形成多角形病斑。一般品种先在叶面出现淡绿色斑点，逐渐扩大为黄褐色，枯死后变为褐色，病斑受叶脉限制呈不整形或多角形，直径 5~12 毫米不等。叶色深绿型的抗病品种发病迟，扩展缓慢，病斑小，白霉少。种荚染病长出白色稀疏霉层。

（3）防治措施。一是选用抗霜霉病品种或杂种一代，精选种子及种子消毒。二是选无病株留种，或对种子进行消毒，播种前用种子重量0.3%的25%甲霜灵可湿性粉剂拌种。三是实行2年以上轮作。四是实行深翻垄作，加强田间管理，预防高湿和伤根。五是药剂防治。可用70%乙铝·锰锌可湿性粉剂500倍液或72%霜脲·锰锌可湿性粉剂600倍液或55%福·烯酰可湿性粉剂700倍液或70%丙森锌可湿性粉剂700倍液。每亩喷对好的药液70升，隔7~10天1次，连防2~3次。霜霉病、白斑病混发地区可选用60%乙铝·多菌灵可湿性粉剂600倍液兼治两病效果明显。

2. 大白菜黑斑病

（1）发病条件。大白菜黑斑病属于真菌性病害。病菌在病残体或土壤中越冬，或附着在种子上，通过叶片的气孔侵入，如种子上带菌则直接产生病体，借助风雨或育苗等传播。当气温在12~20℃、空气相对湿度为70%~90%时，则易发病。品种间抗性有差异，但未见免疫品种。

（2）主要症状。大白菜黑斑病为害叶片。病叶上有圆形褪绿斑，逐渐变成有同心轮纹的黄褐斑，潮湿时有褐色霉层，干燥时病斑易穿孔，叶片由外向内干枯。

（3）防治措施。一是尽量选用适合当地的抗黑斑病品种。目前北京新1号、2号、中熟5号、石丰88、郑白4号、郑杂2号、北京88号、津青9号、双青156、晋菜3号、太原2号、天正超白2号、天正秋白1号、青庆等较抗黑斑病。二是对种子进行消毒，用50℃温水浸种25分钟，冷却晾干后播种，或用种子重量0.4%的50%福美双可湿性粉剂拌种，或用种子重量0.2%~0.3%的50%异菌脲可湿性粉剂拌种。三是与非十字花科蔬菜轮作2~3年。四是施足腐熟有机肥或有机活性肥，增施磷、钾肥，有条件的采用配方施肥。五是药剂防治。喷施3%多抗霉素水剂 700~800 倍液或 50%异菌·福美双可湿性粉剂 700 倍液或 75%百菌清可湿性粉剂 500~600 倍液或 70%丙森锌可湿性粉剂 700 倍液或 50%异菌脲可湿性粉剂 1 000 倍液。在黑斑病与霜霉病混发时,可选用 70%乙铝·锰锌可湿性粉剂 500 倍液或 58%甲霜·锰锌可湿性粉剂 500 倍液,每亩喷对好的药液 60~70升,隔 7 天左右 1 次,连续防治 3~4 次。

3. 大白菜炭疽病

(1) 发病条件。大白菜炭疽病属于真菌性病害。病菌在病残体或种子上越冬,通过叶片的表皮或气孔侵入植株,如果种子带菌则直接产生病体,借助风雨或育苗进行传播。在气温 26~30℃、空气相对湿度为 80%以上的高温高湿条件下,则易发病。

(2) 主要症状。主要为害叶片、花梗及种荚。叶片染病,初生苍白色或褪绿水浸状小斑点,扩大后为圆形或近圆形灰褐色斑,中央略下陷,呈薄纸状,边缘褐色,微隆起,直径 1~3 毫米。发病后期,病斑灰白色,半透明,易穿孔;在叶背多为害叶脉,形成长短不一略向下凹陷的条状褐斑。叶柄、花梗及种荚染病,形成长圆或纺锤形至梭形凹陷褐色至灰褐色斑,湿度大时,病斑上常有赭红色黏质物。

(3) 防治措施。一是选用抗病品种。二是选用无病种子,或在播种前用 50℃温水浸种 10 分钟,或用种子重量 0.4%的 50%多菌灵可湿性粉剂拌种。三是与非十字花科蔬菜隔年轮作。四是发病较重的地区,应适期晚播,避开高温多雨季节,控制莲座期的水肥。五是加强田间管理,预防高温高湿。六是药剂防治。发病初期开始喷洒抗生素 2507 稀释 1 500 倍液或 25%溴菌腈可湿性粉剂 500 倍液或 25%咪鲜胺乳油 1 000 倍液或 50%咪鲜胺锰盐可湿性粉剂 1 500 倍液或 30%苯噻氰乳油 1 300 倍液。每亩喷对好的药液 60 升,隔 7~10 天 1 次,连续防治 2~3 次。

4. 大白菜叶腐病（又称叶片腐烂病）

（1）发病条件。大白菜叶腐病属于真菌性病害。病菌在病残体上或土壤中越冬，通过叶片的伤口侵入植株，借助风雨和田间作业进行传染。在气温 28~32℃、空气相对湿度 80% 以上的湿闷多雨条件下，则易发病。偏施氮肥地方发病重。

（2）主要症状。大白菜叶腐病主要为害叶片和根、茎部。病叶呈水煮状湿腐，逐渐变成灰绿色腐烂状，只残留部分叶脉，干燥时变成灰色。染病的根、茎呈腐烂状，并生有白色菌丝，后期有的变成棕色菌核。

（3）防治措施。一是加强肥水管理，喷施植宝素等生长促进剂促植株早生快发；注意勿偏施氮肥，并适度浇水，避免田间湿度过大，控制病害发展。二是加强检查，及时拔除中心病株烧毁，并喷洒 30% 苯噻氰乳油 1 300 倍液或 35% 甲霜·福美双可湿性粉剂 900 倍液。每亩喷对好的药液 50 升，隔 7~10 天 1 次，连续防治 2~3 次。

5. 大白菜根肿病

（1）发病条件。大白菜根肿病属于真菌性病害。病菌在土壤或种子里越冬，通过根部的表皮或伤口侵入植株，如果种子带菌则直接产生病体，借助雨水和田间作业进行传播。在气温 25℃ 左右、空气相对湿度为 50% 以上和土壤缺钙的条件下，易发此病。

（2）主要症状。大白菜根肿病为害根部。病株的根部肿大并呈瘤状，后期有的开裂，如果被细菌侵染则腐烂发臭。因受病根的影响，叶片萎蔫。

（3）防治措施。一是加强植物检疫，预防病菌扩散。二是实行 3 年以上菜田轮作。三是土壤增施钙肥（每亩施石灰 100 千克）对种子进行消毒。四是用 10% 氰霜唑悬浮剂 50~100 毫克/升或 50% 氯溴异氰尿酸可溶性粉剂 1 200 倍液灌根，每株 0.4~0.5 升。

6. 大白菜软腐病（又称脱帮、腐烂病、烂疙瘩）

（1）发病条件。大白菜软腐病属于细菌性病害。病菌在病残体上越冬，通过叶片或根、茎的伤口侵入植株，借助雨水、灌溉、虫害及田间作业进行传播。当气温在25~30℃，阴雨多湿的时候，最易发病。

（2）主要症状。从莲座期到包心期均有发生。常见有3种类型：外叶呈萎蔫状，莲座期可见菜株于晴天中午萎蔫，但早晚恢复，持续几天后，病株外叶平贴地面，心部或叶球外露，叶柄茎或根茎处髓组织溃烂，流出灰褐色黏稠状物，轻碰病株即倒折溃烂；病菌由菜帮基部伤口侵入，形成水浸状浸润区，逐渐扩大后变为淡灰褐色，病组织呈黏滑软腐状；病菌由叶柄或外部叶片边缘，或叶球顶端伤口侵入，引起腐烂。上述3类症状在干燥条件下，腐烂的病叶经日晒逐渐失水变干，呈薄纸状，紧贴叶球。病烂处均发出硫化氢恶臭味，成为本病重要特征，别于黑腐病。软腐病在贮藏期可继续扩展，造成烂窖。窖藏的大白菜带菌种株，定植后也发病，致采种株提前枯死。

（3）防治措施。一是实行菜田轮作。二是深翻晒地，用阳光杀菌或深埋细菌。三是选用抗病品种。四是调整播种期，推广垄作，合理密植。五是加强田间管理，预防高温高湿。六是对种子进行消毒。用种子重量的1.5%的中生素菌拌种。七是对土壤用石灰消毒。八是喷施3%中生菌素可湿性粉剂800倍液或72%硫酸链霉素可溶性粉剂3 000倍液。

7. 大白菜细菌性角斑病

（1）发病条件。大白菜细菌性角斑病属于细菌性病害。病菌在种子或病残体上越冬，通过叶片的表皮或气孔直接侵入，种子带菌则直接产生病体，借助气流或雨水进行传播。在气温25~27℃的阴雨条件下，则易发病。

（2）主要症状。大白菜细菌性角斑病为害叶片。病叶有灰褐色油渍斑，叶背有水浸状凹陷斑，后期受叶脉限制变成多角形膜状斑，潮湿时叶背有灰白色菌脓，干燥时病斑脆裂穿孔。

（3）防治措施。一是实行菜田轮作。二是选用抗病品种，白帮较青帮类型抗病。三是建立无病留种田，选用无病种子。四是加强田间管理。五是发病初期喷洒25%络氨铜·锌水剂500倍液，但对铜剂敏感的品种须慎用。此外，可喷洒72%硫酸链霉素可溶性粉剂3 000倍液或50%氯溴异氰尿酸可溶性粉剂1 200倍液，隔7~10天1次，连续防治2~3次。

8. 大白菜病毒病（又称孤丁病、花叶病、抽疯）

（1）发病条件。大白菜病毒病属于传染性病害。病毒在种子内或寄主上越冬，通过叶片的表皮或伤口侵入植株，种子带菌则直接产生病株，借助蚜虫或汁液接触等形式传播。在气温为25℃以上、空气相对湿度低于50%的条件下，以及有蚜虫为害时，易发此病。

（2）主要症状。大白菜病毒病主要为害叶片。病叶皱缩硬脆，叶脉上有褐色凹陷条状斑，有的病叶呈花叶状，或者新叶呈花叶明脉，老叶有褐色坏死斑。植株矮化畸形，有的则不结球。

（3）防治措施。一是选种抗病品种。二是调整蔬菜布局，合理间、套、轮作，发现病株及时拔除。三是适期早播，躲过高温及蚜虫猖獗季节，适时蹲苗应据天气、土壤和苗情掌握，一般深锄后，轻蹲十几天即可。蹲苗时间过长，妨碍白菜根系生长发育，容易染病。四是加强水分管理。为了防止地温升高，播后即浇第一水，次日或隔日幼苗出土浇第二水，3~4天幼苗出齐后可因地制宜浇第三水，4~5片真叶时浇第四水，7~8片真叶后浇第五水，每次浇水均有利于降低地温，连续浇水，地温稳定，可防止病毒病的发生。五是苗期防蚜至关重要，要尽一切可能把传毒蚜虫消灭在毒源植物上，尤其是春季气温升高后对采种株及春播十字花科蔬菜的蚜虫更要早防；发病初期开始喷洒24%混脂酸·铜水剂800倍液或2%宁南霉素水剂500倍液或31%氮甘·吗啉胍可溶性粉剂800~1 000倍液或20%吗胍·乙酸铜可湿性粉剂500倍液。隔10天1次，连续防治2次。

9. 大白菜干烧心病

（1）发病条件。大白菜干烧心病属于生理性病害。其主要原因是营养失调，缺少锰、钙等元素，特别是土壤中活性锰不足10毫克/千克时，则易发生干烧心病。

（2）主要症状。大白菜干烧心病为害叶球中间的叶片。莲座后期，干烧心的叶片就出现干边。进入结球期，病叶呈水浸状，叶边缘干枯黄化。叶肉呈薄纸状，包在整个叶球中间。一般由外向内数，叶球的第十五至三十五片心叶易感此病。

（3）防治措施。一是选用抗病品种。二是药剂防治。喷洒0.7%硫酸锰，每亩每次用水量50升，可增产8%~10%；每亩施喷洒型大白菜干烧心防治丰，在白菜苗期、莲座期或包心期共喷3次，每亩次用药450克，对水50升。三是用拌种型大白菜干烧心防治丰进行拌种，将每亩播种用的种子，略加水湿润，然后加细干土30克拌匀，再加入225克药剂拌匀播种。

10. 菜粉蝶（幼虫称菜青虫）

（1）发生条件。发病最适温度为20~25℃，空气相对湿度76%左右。因此，在北方菜青虫的发生亦形成春（4—6月）、秋（8—10月）两个高峰。

（2）为害特点。幼虫食叶。二龄前只能啃食叶肉，留下一层透明的表皮。三龄后可蚕食整个叶片，轻则虫口累累，重则仅剩叶脉，影响植株生长发育和包心，造成减产。此外，虫口还能导致软腐病。

（3）防治措施。一是提倡保护菜粉蝶的天敌昆虫，保护天敌对菜青虫数量控制十分重要，利用菜粉蝶的天敌，可以把菜粉蝶长期控制在一个低水平，不引起经济损失，不造成为害的状态。二是用菜粉蝶颗粒体病毒防治菜青虫。每亩用染有此病毒的五龄幼虫尸体10~30条，重3~5克，捣烂后对水40~50升，于一至三龄幼虫期、百株有虫10~100头时，喷洒到大白菜叶片两面。从定苗至收获共喷1~2次，每次间隔15天。提倡喷洒1%苦参碱醇溶液800倍液或0.2%苦皮藤素乳油1 000倍液或5%黎芦碱醇溶液800倍液。也可喷洒青虫菌6号悬浮剂800倍液。三是提倡采用昆虫生长调节剂，如20%灭幼脲1号或25%灭幼脲3号悬浮剂600~1 000倍液，这类药一般作用缓慢，通常在虫龄变更时才使害虫死亡，因此应提前几天喷洒，药效可持续15天左右。四是药剂防治。首选5%氟虫腈悬浮剂1 500倍液或1.8%阿维菌素乳油4 000倍液或20%抑食肼可湿性粉剂1 000倍液或10%氯氰菊酯乳油2 000倍液。使用氯氰菊酯药剂防治，注意采收前3天停止用药。

11. 桃蚜

（1）发生条件。发育最适温度为24℃，高于28℃则不利于繁育，因此在我国北方呈春、秋两个发生高峰。

（2）为害特点。成虫及若虫在菜叶上刺吸汁液，造成叶片卷缩变形，植株生长不良，影响包心。为害留种植株的嫩茎、嫩叶、花梗及嫩荚，使花梗扭曲畸形，不能正常抽薹、开花、结实。此外，蚜虫传播多种病毒病，造成的为害远远大于蚜害本身。

（3）防治措施。一是加强预测预报。二是设施栽培时，提倡采用防虫纱网。三是用食蚜瘿蚊生物方法防治蚜虫。四是喷施50%抗蚜威可湿性粉剂1 000倍液或10%吡虫啉可湿性粉剂1 500倍液或20%氰戊菊酯乳油2 000倍液或50%辛硫磷乳油1 000倍液。每亩喷对好的药液70升。使用抗蚜威、氰戊菊酯药剂防治，注意采收前10~11天停止用药。

12. 蛴螬

（1）发生条件。蛴螬终生栖身土中，其活动主要与土壤的理化特性和温湿度等有关。在一年中，活动最适的地温为13~18℃。因此，为害主要是春、秋两季。

（2）为害特点。幼虫喜食刚刚播下的种子及幼苗等，造成缺苗断垄。

（3）防治措施。一是应做好预报工作。二是抓好蛴螬防治，如大面积秋、春耕时随犁拾虫。三是药剂处理土壤，用50%辛硫磷乳油每亩200~250克，加水10倍，喷于25~30千克细土上拌匀成毒土，撒于地面，随即翻耕或结合灌水施入，或5%辛硫磷颗粒剂，每亩22.5~3千克处理土壤，都能收到良好效果。四是在蛴螬发生重的苗床或棚室灌50%辛硫磷乳油1 000倍液或80%敌百虫可湿性粉剂700~800倍液，每株灌对好的药液150~250毫升，可有效杀死根际附近的蛴螬。

二、结球甘蓝

结球甘蓝，又称大头菜、卷心菜、甘蓝、洋白菜。

（一）生物学特性

1. 形态特征

结球甘蓝属于十字花科、芸薹属、能形成叶球的草本植物。甘蓝为浅根系蔬菜，根系呈圆锥形分布，茎呈短缩状态的营养茎。叶片为绿色或紫红色，椭圆形，叶面光滑，有皱有蜡粉，莲座叶丛生在短缩茎上，叶片抱合呈球状。有的老根上的侧芽也可形成叶球。花为十字形淡黄色，异花授粉。果为长角果，成熟后开裂。种子圆球形，黑褐色，千粒重为3.2~4.7克。

2. 对环境条件的要求

结球甘蓝适应性广，抵御不良环境的能力强。对温度的要求是：适应温度为7~25℃，适宜温度为18~20℃。对水分条件的要求是：有较湿润的环境，土壤相对湿度为70%~80%，空气相对湿度为80%~90%。对光照条件的要求是：由于结球甘蓝为长日照植物，因而在未通过低温春化的条件下，长日照有利于营养生长，对光照强度要求不严，不论光照强还是弱，都可正常生长。对营养条件的要求是：甘蓝较喜肥耐肥，全生育期吸收氮、磷、钾的比例为3∶1∶4，每生产1 000千克甘蓝，需吸收氮4.76千克、磷1.9千克、钾6.53千克。对土壤条件的要求是：结球甘蓝对土壤的适应性强，而且较耐盐碱，最适宜于保水保肥的中性和微酸性土壤。

（二）育苗技术

1. 播种育苗期

甘蓝对温度的适应性强，而且品种多，一年四季均可栽培。春甘蓝选早熟品种，2月育苗，4月定植。夏甘蓝虫害严重，而且经济效益低，很少栽培。秋甘蓝一般6—7月播种，经25天左右定植，苗期必须有遮阳防雨措施。春季露地甘蓝，在3月播种，5月定植。冬、春季在保护地栽培甘蓝，育苗期虽可达3~4个月，但应缩短到1~2个月，以控制早期抽薹。

2. 品种和播种量

甘蓝的品种很多，早熟品种有中甘11、8398、报春、元春等，多在早春和春、夏季选用；中熟品种有圆春、东农605、西园2号、杂交种庆丰、中甘8、东农609等，多在春、夏季选用；中晚熟品种有亲丰、秋丰、晚丰、冬冠等，多用于秋季生产。甘蓝育苗每亩播种量为30~100克。

3. 种子消毒与催芽

将选好的种子先用冷水浸湿，再用45℃的热水搅拌浸烫10分钟，然后用温水淘洗干净，在室温下浸种4小时，接着再用清水淘洗干净，放在20℃下保湿催芽。然后每6小时翻动1次，一般2~3天即可出芽。出芽后应及时播种，如不能及时播种，必须降温至13℃左右，以防胚芽过长。

4. 配制床土与消毒

最好选用种植葱蒜的园田土5份，腐熟的马粪4份，腐熟粪干粉或鸡粪1份，分别过筛后搅拌均匀，然后每立方米床土加500克尿素、1 500克过磷酸钙、100克40%多菌灵，充分搅拌均匀后，装入营养钵或纸袋，以备分苗用。在苗床内平铺床土5厘米厚，在分苗床内平铺床土10厘米厚。

5. 播种与苗期管理

播种前先用温水浇透床土，然后再覆0.1厘米左右细土，随后即可播种。播后覆细潮土1厘米左右，然后覆盖地膜保湿。秧苗出土前，保持土温17℃以上、气温20℃以上，一般经3天即可出苗。秧苗出土后，应立即揭膜降温降湿，以防徒长。在叶片上无水珠时，可撒一层细干土（0.2厘米厚），有利于降湿。长出2片真叶，即可分苗。如果是夏季，可采用直播方法，在出苗后进行间苗，苗距以4厘米×5厘米为宜。也可以直接移栽到营养钵或纸袋里，移栽的深度也要保持移栽前的水平。长到4叶期进行第二次分苗，苗距8厘米×10厘米。每次分苗前都要先用温水潮润床土，分苗后及时覆盖塑料膜保温保湿，使土温保持在8~20℃，气温保持在25℃左右。缓苗后，则应揭开塑料膜降温降湿，使土温保持在12℃左右，气温保持在15~18℃。如果在夏季育苗，必须遮阳降温，而且热雨过后要用井水浇园，以降低土温。

在甘蓝的育苗过程中，不可长期处在9℃以下，否则定植后会出现早期抽薹现象。此外，对籽苗和幼苗可适当控水、中耕，以促根系发育；到成苗期则不可缺水，在干旱时要进行低温锻炼。在保护地生产，要增加通风量，揭开塑料膜或草苫等覆盖物，白天控温在13~15℃，而且要控水。如果在营养土块（土方）育苗，应割坨囤坨进行低温锻炼，这样的苗抗逆性强，定植后缓苗快。

6. 甘蓝壮苗标准

苗龄30天左右，株高8~12厘米；叶片6~8片，肥厚，呈深绿带紫色；茎粗紫绿色，下胚轴短，节间短；根系发达，须根多，未春化。全株无病虫害，无机械损伤。

7. 育苗注意事项

（1）早期春化。当早甘蓝3片叶或晚甘蓝6片叶、茎粗0.6

厘米左右时，遇低于12℃的低温且达25~30天，会出现春化而早抽薹。遇9℃以下的低温15天，就可完成春化阶段。

（2）徒长苗。在阴雨寡照条件下，床土高温高湿，易出现徒长现象，胚轴长，叶片薄而黄绿，叶柄细长，叶间距大。

（3）老化苗。床土干旱或过低土温的时间较长，则易出现秧苗矮小现象，生长慢，叶片小而色黑绿，根系不舒展或呈现锈色。

甘蓝耐低温，适应性强，为防徒长，必须蹲苗。

（三）适时定植

在土壤温度达到12℃以上时就可定植。定植前，要整地施肥，一般每亩施优质腐熟粗肥5 000千克，普遍撒施后耕翻20厘米，然后平整做成垄或高畦。垄（畦）宽1米，垄长6米，垄中间留一水沟，以备浇水用。如在早春栽培，为了提高地温，可在定植前1周覆膜烤地。定植时，采取一垄双行（一畦双行）的形式，小行距40厘米，株距35厘米，用打孔器按一定株行距打孔定植。如果在冬、春季定植，应选在晴天无风的中午；如果在夏、秋季定植，则应选在阴天或无风的下午。栽苗后要浇水，待水渗下后覆土封埯；也可栽后随即封埯，稍加镇压，随后进行膜下暗灌，以润湿垄台或畦面为准。

（四）定植后的田间管理

定植后要保温保湿，白天控温在20~25℃，夜间保持在15℃左右，同时还要保持土壤湿润。在冬、春季，为了保温，还可再扣小拱棚，或在大棚内定植。经4~6天即可缓苗。缓苗后，应逐渐降温降湿，白天控温在18~20℃，夜间保持在13℃左右。不覆膜的还应中耕松土，以促根系发育。为预防缓苗后徒长，可在1~2周内不浇水，实施蹲苗，直到莲座期为止。这样，不但根系发达，茎粗叶片厚，而且茎节短，有利于结球。

从莲座期开始，应适当浇水，促进叶片生长。从结球初期开始，球叶生长加快，需要水肥较多，必须加强水肥管理，保持土壤潮湿。一般7~10天追1次肥，每次随水追施尿素10~12千克。对于越夏的甘蓝，在高温多雨季节，应设法降温降湿。可与玉米、架豆等高秆作物间作套种，也可支遮阳网，或采取下午浇小水的方法，以降低地温。甘蓝畦内不可积水，热雨过后应立即用井水漂园。另外，在甘蓝包心的盛期，不可突然浇大水，否则易出现裂球现象。

（五）适时采收

当甘蓝叶球充分长大，但还未特别结实的时候，就可采收。有时甘蓝的成熟度不等，可先采收大球，后采收小球，前后一般不超过1周时间。在早春或秋天蔬菜淡季，为了适应市场行情，可适当早收，连阴雨天也应适当早收。采收的方法，可以连根拔起，也可以用刀从地表处割下，然后去掉叶球的外叶，只留近叶球的2~3片嫩叶，然后包装上市。

（六）甘蓝生产历程

甘蓝生产历程，如表2-7所示。

表2-7 甘蓝生产历程

栽培形式	播种期	定植期	采收期
阳畦春茬	12月上旬至12月下旬	翌年2月下旬至3月上旬	4月下旬至5月中旬
早春露地	1月中旬至2月中旬	4月上旬	6月中旬至7月上旬
夏播	5月上旬至6月上旬	6月下旬至7月中旬	9月上旬至9月下旬
秋播	6月中旬至7月上旬	7月下旬至8月上旬	10月上旬至11月中旬

(续表)

栽培形式	播种期	定植期	采收期
冬露地越冬	8月上中旬	9月下旬至10月上旬	翌年2月上旬至3月中旬
春露地	3月上旬	5月上旬	6月下旬
恋秋茬	4月上旬至5月上旬	5月下旬至6月下旬	7月下旬至9月下旬
秋延后	4月下旬至5月中旬	6月中旬至7月上旬	8月中旬至11月上旬

（七）病虫害防治

1. 甘蓝霜霉病

甘蓝霜霉病，除为害甘蓝外，还可为害芥蓝、抱子甘蓝及球茎甘蓝。

（1）发病条件。甘蓝霜霉病属于真菌性病害。病菌在土壤中或病残体上越冬，通过叶片表皮侵入植株，借助于气流传播。当气温在16~24℃、空气相对湿度为70%~75%时，则易发病。

（2）主要症状。甘蓝霜霉病为害叶片。病叶有浅绿斑，受叶脉限制而呈多角形斑，逐渐变成中央凹陷的紫褐斑，潮湿时生白霉，干燥时叶片干枯。

（3）防治措施。一是选用抗病品种。二是对种子进行消毒，用种子重量0.3%的甲霜灵可湿性粉剂拌种。三是适时早播，合理密植，预防低温高湿。四是药剂防治。喷施64%恶霜·锰锌可湿性粉剂500倍液或40%三乙膦酸铝可湿性粉剂200倍液或75%百菌清可湿性粉剂500倍液。为提高植株抗病性，还可喷施植宝素6 000倍液。

2. 甘蓝黑腐病

（1）发病条件。甘蓝黑腐病属于细菌性病害。病菌在种子里或病残体上越冬,通过茎叶的伤口或叶缘的小孔直接侵入植株(如果种子带菌则直接产生病株),借助育苗或风雨进行传播。在高温高湿条件下,一般连作偏氮的地块易发病。

(2)主要症状。甘蓝黑腐病为害叶片和茎。病叶上有浅褐斑,叶缘有"V"形水浸斑,随着逐渐扩展而使叶片枯黄,有时甚至穿孔。病茎的维管束变黑,有的腐烂,干燥时茎呈黑心或干腐状,植株受病茎影响而萎蔫。

(3)防治措施。一是实行3年以上菜田轮作。二是对种子进行消毒,在50℃水中浸种20分钟。三是实行无土育苗或无菌土育苗。四是加强田间管理,预防高温高湿。五是药剂防治。用72%硫酸链霉素可溶性粉剂4 000倍液喷雾,或用77%氢氧化铜可湿性粉剂500倍液喷雾。

3. 甘蓝病毒病

(1)发病条件。甘蓝病毒病是由病毒引起的传染病。病毒在病残体上或寄主内越冬,通过接触侵入植株,借助于蚜虫、田间作业或汁液进行传播。在高温干旱、有蚜虫的条件下,易发此病。

(2)主要症状。甘蓝病毒病为害叶片。病叶上有浅绿色圆斑,后期叶片呈花叶状,老叶的背面有黑色坏死斑,造成不结球或球松散。

(3)防治措施。一是实行菜田轮作。二是选用抗病品种。三是加强田间管理,预防高温干旱。四是药剂防治。及时防治蚜虫,喷施20%吗胍·乙酸铜可湿性粉剂500倍液或喷施1.5%烷醇·硫酸铜1 000倍液。

4. 甘蓝虫害

甘蓝虫害主要有小菜蛾蚕食叶球,菜青虫咬食叶片,蚜虫吸食汁液。对菜青虫和小菜蛾的防治,可用敌百虫800倍液喷雾,也可喷施青虫菌进行以菌治虫。防治蚜虫,可用20%乐果乳剂800倍液进行喷雾。

三、花椰菜

花椰菜，也称菜花、花菜。

（一）生物学特性

1. 形态特征

花椰菜属于十字花科芸薹属结花球的草本植物。花椰菜根系发达，须根多。茎粗短，呈白色圆柱状，茎的四周着生花薹和花枝，其顶端着生短缩的花蕾，共同聚合组成花球。叶片狭长，绿色，有皱有蜡粉，随着花球的生长，内叶自然卷曲或扭转保护花球。花呈黄色，十字形小花着生在花茎上，下面有伸长的花枝。果为角果，成熟后开裂。种子圆球形，黑褐色，千粒重2.5~4克。

2. 对环境条件的要求

花椰菜为半耐寒性蔬菜，喜冷凉气候。对温度的要求是：生长适应温度范围为6~26℃，生长适宜温度为16~22℃，超过24℃则产品质量不佳。对水分条件的要求是：花椰菜耐旱不耐涝，喜湿润条件，尤其在花球期供水必须充足。对光照条件的要求是：喜弱光和长日照，尤其是在花球膨大期，不可让阳光直接照射，否则花球淡黄或变绿，生长小叶，营养和商品价值下降。对营养条件的要求是：花椰菜对营养条件要求较高，营养生长期需要较多氮肥，进入花球发育期还需较多磷肥和钾肥。每生产1 000千克花椰菜，需氮6.17千克、磷2.73千克、钾5.57千克，还需要适量的硼。如果营养不足，则花球开裂，味苦变褐。对土壤条件的要求是：土壤要深厚疏松，保水保肥，富含有机质。

（二）育苗技术

1. 播种和育苗期

花椰菜喜温暖湿润环境，既较耐低温，又可在遮阳防雨的夏季生长，春、夏、秋三季在露地都可栽培。必须选用适宜的品种：春花椰菜选早熟品种，可在3—4月育苗，5月定植；夏花椰菜可在6—7月育苗，苗龄25天定植（必须有遮阳防雨措施）；秋花椰菜多用生育期长的中晚熟品种，可在7月育苗，8月初定植；冬季假植的花椰菜，播种期较秋花椰菜的播种期晚半个月左右。

2. 品种选择与播量

花椰菜的品种选择比较严格。春季栽培的品种有瑞士雪球、法国菜花、荷兰早等；夏季栽培的品种有白峰、夏雪40、夏雪50等；秋季和冬季假植的品种有荷兰雪球、日本雪山等。花椰菜生产一般都进行育苗移栽，每亩播种量在20~25克。

3. 种子消毒与催芽

将种子放在30~40℃的水中进行搅拌浸种15分钟，同时除去瘪籽，然后在室温的水中浸泡5小时左右，再用清水淘洗干净，放置在25℃条件下保湿催芽。而后每6小时用25℃温水淘洗1次，并将种子上下翻动，使其温湿度均匀，一般经2~3天即可出芽。

4. 床土配制与消毒

用肥沃的园田土6份，过筛的腐熟马粪3份，腐熟的大粪干或猪粪1份，均匀混合后平铺在苗床里（5厘米厚）。床土消毒，可用配制的药土。药土的配制方法是：用50%甲基硫菌灵或50%多菌灵粉，以1∶100比例与细土混匀，即成药土。播种前，先普撒1/3药土，播完后再普撒2/3药土即可。

5. 播种与苗期管理

当床土温度稳定在13℃以上、气温稳定在15℃以上时，即可播种。播种方法和程序是：先浇足底水，然后每平方米床土上撒10千克药土，接着进行播种，一般每平方米播种量为10克左右。播后，每平方米再覆5千克药土，然后再覆盖0.5厘米厚的细土，最后覆盖地膜保湿。出苗前，保持气温20℃；出苗后，则揭开地膜，使气温降至15~18℃。在子叶展开后间苗，苗距

2~3厘米，也可进行第一次分苗。当幼苗长到3~4片真叶时，即可进行分苗，或称第二次分苗。一般往营养钵、纸袋或营养土块里分苗。分苗前，床土要用温水浇透；分苗后，要及时搭盖塑料小拱棚，保持20℃左右的气温，并保持土壤湿润。缓苗后，揭开塑料小拱棚降温降湿，气温保持在15~18℃。

夏、秋季花椰菜的播种期，正是高温多雨季节，必须加大播种量，一般达50克左右，并要采取遮阳降温和防雨措施。同时，夏季多采取直播育苗，苗龄一般在20~25天。在苗期的田间管理中，不可伤根，以防病毒病。下雨时要及时排水防涝，热雨过后必须涝浇园，降低土温，以利于培育壮苗。

6. 花椰菜的壮苗标准

一般壮秧的苗龄，春苗为50天左右，夏播苗为25天左右。壮苗的株高15厘米左右，具有5~6片真叶，叶色浓绿稍有蜡粉，叶片大而肥厚，节间短，叶柄也短，根系发达，须根多，全株无病虫害和无机械损伤。

7. 育苗注意事项

在育苗期，首先要注意温湿度调节。在干旱低温条件下，易形成小老苗，小老苗的子叶小，而且多呈畸形。如果高温寡照，则易形成徒长苗，秧苗细弱，胚轴长，子叶细长，这样的秧苗容易患病。如果苗期缺少氮肥，或移苗时伤根，都会影响产量，而且花球小，质量不佳。因此，在苗期要注意营养供给，加强田间管理。另外，春季培育的秧苗，在定植前还应适当炼苗，以适应定植环境。

（三）定植

定植前先施肥整地。每亩施腐熟的优质粗肥6 000千克、过磷酸钙40千克，并用钼酸铵50克对水50升喷施于粗肥上进行均匀混合。普撒肥料后，耕翻地20厘米，然后做成大垄或高畦。垄（畦）宽1.2米，大垄中间开1条水沟，并覆盖地膜，以备膜下暗灌。

当地温稳定在 12℃ 以上、气温稳定在 15℃ 以上时，就可以定植。定植采用大垄双行和复畦双行、内紧外松的定植方法。小行距 50 厘米，株距 45~50 厘米，按一定株行距打孔后栽苗。然后浇水，待水渗下后封堆。也可打孔栽苗后先封堆，然后顺水沟进行膜下暗灌，以水洇透垄背（畦面）为准。注意栽苗时不可伤根。早春栽苗需趁气温高时进行，夏秋栽苗应选阴天或晴天下午气温不太高时进行。一般气温不宜超过 25℃，地温不宜超过 20℃。

（四）田间管理

对于春、秋季定植的花椰菜，在定植缓苗后，应适当降温降湿，并进行中耕蹲苗 6~10 天，然后再恢复水肥管理。对于夏季高温期定植的较耐热花椰菜，如白峰、夏雪 40 等品种，应该一促到底，不进行蹲苗。

在水肥管理方面，在缓苗后应追施壮棵肥，每亩施尿素 10 千克，随水撒施；在莲座后期（现花球前期），每亩随水追施尿素 15 千克。花母（花球）形成初期，为了促使花球生长而不开裂，可在根外喷 0.2%~0.5% 硼肥。从花球形成开始，就要保持土壤湿润，一般每周浇水 1 次，每 2 周追肥 1 次。

花椰菜的花球需要遮阳，否则会变黄老化。遮阳的方法是：当花球 5~8 厘米大小时，从本植株上选一个较宽大的外叶向花球方向折断，覆盖着花球即可，也可用干净的青草覆盖。

对于越夏生长的花椰菜，必须设法降温，可与高秆作物间作套种，也可采用支遮阳网等措施。在热雨过后，一定要涝浇园，并且要防止草荒。

（五）采收

一般花球形成后 1 个月就可采收。采收的标准是：花球充分长大，洁白平整，边缘不散。对较耐高温的越夏花椰菜，如夏雪 40、夏雪 50、白峰等品种，必须及时采收，否则易散球或黄化，影响品质。另外，当气温高于 25℃ 或低于 8℃ 时，会影响花椰菜的生长和结球，应及时采收。

采收的方法是：割掉根部，保留3~5片嫩叶即可上市。晾晒半天，待气温下降，产品冷凉后装在塑料袋内，放置在2~3℃条件下，可保鲜30~40天。

（六）栽培注意事项

1. 高低温的为害

低温干旱，易形成老小苗，气温低于8℃则停止生长。气温高于25℃，则易老化、散球，影响质量。温度过低、过高或重雾天气，易造成毛花球。

2. 缺肥的为害

缺钾，易患黑心病；缺硼，花球易开裂，并有褐斑；缺镁，叶片变黄，而且花球味苦；缺氮肥或伤根，则易影响花球生长。

3. 水分不正常的为害

高温干旱则叶小，叶柄长，茎的节间距长，花球小而散；过于潮湿，也易散球。

（七）冬季假植花椰菜

冬季假植花椰菜的做法是：一般在10月下旬，气温降至3~5℃时，将花球直径10厘米左右的花椰菜浇透水，然后连根拔起，摘掉外层的病、老、黄残叶片，再一株挨一株地密植在菜窖里或棚室内，并将根部培土固定，控制温度在5~8℃，保持土壤潮湿，经常喷水，以保持空气的相对湿度在90%左右。一般假植2个月左右，花球可增重1倍以上。当花球达到商品成熟度时，就可上市销售。

（八）花椰菜生产历程

花椰菜的生产历程，如表2-8所示。

表 2-8　花椰菜生产历程

栽培形式	播种期	定植期	采收期
春温室	12月下旬至翌年1月上旬	3月上旬至3月下旬	5月上旬至6月中旬
春棚	1月上中旬	4月上中旬	6月上旬至7月上旬
春露地	3月上旬至4月上旬	4月下旬至5月中旬	6月中旬至7月中旬
夏播	6月中下旬	7月中下旬	9月中旬至10月下旬
秋播	6月下旬至7月中旬	8月上旬	10月中旬至11月上旬
冬假植	7月中旬至8月上旬	8月下旬至9月上旬	11月中旬至翌年2月上旬

（九）病虫害防治

1. 花椰菜黑胫病（又称根朽病）

（1）发病条件。花椰菜黑胫病属于真菌性病害。病菌可在种子上、土壤里或病残体上越冬，通过茎叶的表皮组织直接侵入植株，如果种子带菌则直接产生病株，借助育苗、雨水或昆虫进行传播。在高温、高湿或雨后高温条件下，则易发病。

（2）主要症状。花椰菜黑胫病为害叶片、茎和根。染病的茎、叶有圆形灰白斑，并散生小黑点。病根有紫褐色条斑，维管束变黑，有时引起根系腐烂，进而引起地上茎、叶枯萎死亡。

（3）防治措施。一是对种子进行消毒，用50℃水浸种20分钟，或者用种子重量的0.4%的5%福美双可湿性粉剂拌种。二是对床土进行消毒，每平方米用8克40%福美双和8克50%多菌灵混成药土，播种前先撒1/3药土，播种后再撒2/3药土。三是加强田间管理，预防高温、高湿和虫害。四是发病初期喷施70%百菌清可湿性粉剂600倍液。

2. 菌核病

(1) 发病条件。菌核病属于真菌性病害。菌核在土中或混在种子中越冬，在冷凉、高湿条件下发病严重，在气温15~20℃、空气相对湿度85%以上时易流行，并且可借助气流传播蔓延。

(2) 主要症状。菌核病主要为害茎和叶片，病部有水渍状褐斑，潮湿时腐烂，表面密生白霉，逐渐形成黑色鼠粪状菌核。

(3) 防治措施。一是对种子进行消毒，先用10%盐水精选，除去菌核后用清水洗净晾干，而后再用于播种。二是实行3年以上菜田轮作。三是覆盖地膜，阻挡菌核的子囊盘出土。四是发病初期喷50%腐霉利可湿性粉剂1 000倍液或40%菌核净可湿性粉剂500倍液；棚室内可用10%腐霉利烟剂熏治，每亩每次用药250克。

3. 花椰菜黑腐病

(1) 发病条件。花椰菜黑腐病属于细菌性病害。病菌在种子上或病残体上越冬，通过叶片表皮或伤口直接侵入植株，如种子带菌则直接产生病体，借助于灌溉、田间作业及昆虫进行传播。当气温在25~30℃条件下，管理粗放的地块易发此病。

(2) 主要症状。花椰菜黑腐病主要为害叶片，病叶的叶缘有"V"字形黄褐色枯斑，并沿叶脉发展形成网状黄脉，维管束变褐，叶片干腐。有时此病同软腐病同时发生，造成茎叶腐烂。

(3) 防治措施。一是实行菜田轮作。二是对种子进行消毒，可用50℃热水搅拌烫种15分钟，也可用硫酸链霉素1 000倍液浸种2小时。三是着重加强田间管理，预防高温和虫害。四是发病初期喷200毫克/千克的硫酸链霉素。

4. 花椰菜虫害

为害花椰菜的害虫，主要有蚜虫、菜青虫和菜蛾等，防治办法可参考对结球甘蓝害虫的防治措施。

四、青花菜

青花菜、又称青菜花、西兰花、绿菜花,茎椰菜,或称意大利芥蓝。

(一) 生物学特性

1. 形态特征

青花菜属于十字花科芸薹属,是以绿色花球为产品的甘蓝的一个变种,为1~2年生草本植物。青花菜的根、茎、叶、植株形状及开花情况,都与普通花椰菜相似。所不同的是,叶色蓝绿,叶柄较长,叶片上蜡粉较多,植株的分枝较多,花球为绿色,而且主茎上花球最大(称为主花球),侧枝上花球较小(叫侧花球),一般主花球收获后侧花球才开始生长。花球包括幼嫩的花茎、肉质的花梗和全部的花蕾。花序为复总状花序,小花着生在花薹上,有较长的花枝。果实为角果,成熟后开裂。种子圆球形,千粒重3~4.5克。

2. 对环境条件的要求

青花菜喜温和湿润的环境,不耐热,怕霜冻,生长的适温在15~20℃,气温低于10℃和高于25℃都影响生长发育。在高温条件下,花薹发育快,花球易散,叶片也变细而呈柳叶状,影响品质和产量。对水分要求较多,全生育期都必须保持土壤湿润,如遇干旱,则易出现早期抽薹现象。对光照要求不严,但长日照可促进花蕾发育。对营养要求较高,不但需要较多的氮、磷、钾肥,而且对钼、镁、硼等微量元素也很敏感。适于在土质肥沃、保水保肥和中性偏碱土壤里栽培。

(二) 播种育苗

1. 品种选择

较耐寒的早熟品种有绿岭、里绿、绿彗星、翠光、王冠等,这些品种结球紧密,较抗病,适于在保护地和露地栽培。

2. 配制床土

用4份腐熟过筛的粗粪、2份腐熟的马粪和4份肥沃的园田土,再按每立方米床土加20千克复合肥,充分混合均匀后,装进营养钵内准备育苗,也可在苗床上平铺床土5厘米厚,以备播种。

3. 播种育苗

青花菜一年四季都可以栽培,基本可分为冬春保护地栽培与秋延后栽培,春、夏、秋还可进行露地栽培。一般播种后25~45天就可定植。确定移栽定植期后,就可往前推算出播种期。冬季播种,一般地温稳定在12℃以上、气温在15℃以上就可播种。在播种方式上,既可以干播,又可浸种催芽(浸种催芽方法同花椰菜)。

播种时先浇足底水,待水渗下后再覆盖0.5厘米厚的细土,然后每个营养钵内播2粒发芽种子。在床土上育苗,则撒播种子,随后覆盖0.5~0.8厘米厚细土,放置在25~28℃条件下保湿促苗。每亩播种量25克左右,2~3天即可出苗。出苗后,降温降湿,并进行浅层松土,以促生根。在育苗床上播种的,在子叶展平后应进行间苗,苗距2~3厘米。在幼苗长至3~4叶期则进行分苗(即第二次间苗),或直接往营养钵内移栽(每钵栽1株壮苗)。在幼苗长至3~4叶期也要定苗,每钵留1株壮苗。

在夏秋季播种青花菜,正值高温多雨季节,所以必须加大播种量(一般每亩需30~50克),同时还要采取遮阳降温防雨措施。也可采取干种直播法,苗龄一般25天左右。苗期管理时不可伤根,以防病毒病。下雨时要及时排水防涝,热雨过后要涝浇园,以降地温。

青花菜的壮苗标准及育苗注意事项与花椰菜相同。

(三)定植与田间管理

定植前先施肥整地,每亩施优质腐熟粗粪5 000千克和磷、钾复合肥30千克。普施肥料后,耕翻土地做成1.2米宽大垄,垄中间开一水沟,然后覆膜烤地。待地温稳定在12℃以上、气温在20℃左右时,就可定植。

青花菜定植,采用大垄双行、内紧外松的方法。每大垄栽2行,小行距50厘米,株距45厘米,打孔栽苗。然后,按垵浇透坐苗水,水渗下后覆土封垵。也可先栽苗封垵,稍作镇压后,再按垄进行膜下暗灌,以水能洇湿垄台为宜。

定植后要保温保湿,冬春还可扣小拱棚保温。一般4~6天缓苗,缓苗后就可通风,适当降温降湿。露地栽培的还应中耕松土,促根系发育。缓苗后10天左右应加强水肥管理,每亩随水施尿素15千克,磷、钾复合肥20千克。花球现蕾初期,还应叶面喷施硼肥和钼肥,浓度为0.2%左右。在主花球未长出前,要去掉所有侧枝。当主花球长到4~5厘米大小时,再追肥浇水,每亩施尿素15千克,磷、钾复合肥15千克。每隔6~7天喷1次0.5%尿素和0.2%硼砂水,以利于主球快速生长和侧枝上芽球的发育,并且可以减少病害发生。在棚室内冬春生产,要注意防止塑料膜上的冷水滴到花球上,以防花球腐烂。在夏季高湿高温季节,既要及时排水防涝,又必须在热雨过后进行涝浇园。

(四)适时采收

当花球长大,小花蕾充分膨大,花球边缘的小花蕾有疏散的倾向时,就应及时采收。同一植株上的花球必须分次采收,先采收主花球,然后采收侧花球。采收时,每个花球外留3~4片小叶,以保护花球。主花球采收后,继续加强水肥管理,然后参照主花球标准,再采收侧花球。青花菜不耐贮运,所以采收后应及时上市。如装在塑料袋内,放在1~2℃条件下,可保鲜6~7天。

(五)病虫害防治

1. 霜霉病

属于真菌性病害,染病的叶片有浅褐色多角形病斑,严重时黄叶有黑色霉状物。防治措施是预防高湿和叶面结霜,发病初期可喷75%百菌清可湿性粉剂500倍液。

2. 黑腐病

属于细菌性病害,染病的叶脉变黑,叶片变黄,维管束变黑腐烂。防治措施是:进行3年以上菜田轮作;在移苗和田间管理时不要伤及根系;生长期注意水肥管理,防止土壤过干或沥涝;发病初期可喷施200毫克/千克的硫酸链霉素。

3. 虫害

青花菜的害虫,主要有菜青虫和蚜虫,可喷施青虫菌或杀螟杆菌治虫,也可喷90%晶体敌百虫800倍液。防治蚜虫,还可喷乐果乳油或用黄色机油板诱杀。

第四节 绿叶类蔬菜无公害栽培技术

一、莴苣

莴苣,又称生菜、叶用莴苣。

(一) 生物学特性

1. 形态特征

莴苣属于菊科莴苣属草本植物。它是浅根系蔬菜,根浅而密。茎为短缩茎,茎上着生叶片。叶片皱,有锯齿或深裂,叶全绿色或黄绿色,叶片有散生和形成叶球等形式。花黄色,头状花序,自花授粉。果为瘦果,黑色或灰色,有冠毛。种子细长,微小,千粒重8~12克。

2. 对环境条件的要求

叶用莴苣喜冷凉环境,适应温度范围为10~25℃,适宜温度为15~20℃。在湿度条件方面,全生育期要求有充足水分。在光照条件方面,它属于长日照作物,光照充足有利于植株生长,在日照14小时以上时,有利于抽薹开花。在营养条件方面,生长期需要氮、磷、钾肥配合使用,每生产1 000千克叶用莴苣，需吸收氮2.5千克、磷1.2千克、钾4.5千克。其中结球莴苣，需钾更多。在土壤条件方面，叶用莴苣要求富含有机质、保水保肥力强的黏质壤土，土壤的适宜酸碱度为氢离子浓度100~10 000纳摩/升（pH值5~7），一般莴苣喜微酸性土壤。

（二）育苗技术

1. 播种和育苗期

莴苣可以长年生产，因此也可多茬育苗。在4—5月采收的莴苣，可在春天2—3月播种育苗。在5—6月采收的莴苣，应选用耐热、抗病、抽薹晚的品种，一般在4月播种。9—10月采收的莴苣，一般在6—7月播种。冬季采收的莴苣，一般在10月播种。冬季可在日光温室里生产，并可随着采收腾地后定植。在播种育苗床上，可随时播种，每月播种一茬，定植一茬，收获一茬，做到边播种、边定植、边收获。

2. 品种和播种量

叶用型莴苣有结球莴苣和散叶莴苣，还有半结球的皱叶莴苣。生产上多用结球莴苣，如美国的皇后、皇帝和大湖659，日本的奥林匹亚及早春等。其中奥林匹亚较耐热，生育期较短。冬季生产，可采用半结球的皱叶莴苣，定植后1个月即可收获。一般育苗每亩播种量200克左右。

3. 种子消毒与催芽

莴苣种子小，发芽快，一般多用干籽直播。种子一般只进行晾晒灭菌。如浸种催芽，则先用凉水浸泡5~6小时，然后放到16~18℃条件下见光催芽，经2~3天即可出芽。

4. 配制床土

由于栽培季节不同，所以有露地育苗和保护地育苗两种形式。育苗可以在生产田里就地做畦播种，也可用营养土块、纸袋或营养钵育苗。育苗床土为50%腐熟马粪和50%园田土，同时，每立方米床土再加尿素20克和过磷酸钙200克，混匀过筛后,在苗床上平铺5厘米厚(成苗床平铺10厘米厚)。

5. 播种与苗期管理

播种前,对苗床浇足底水,水渗下后撒0.5厘米厚的细土,随后即可播种。一般每平方米播种量为5~10克,播种后,盖细潮土0.5~0.8厘米,保持地温15~18℃,盖塑料薄膜或草苫保湿,一般经3~5天可出土。如果在露地育苗,在出土后10天左右(1叶期),则可进行间苗,以不影响幼苗生长为度。在2~3叶期,即可进行移植,苗距6~8厘米为宜,每营养钵或纸袋育壮苗1株。移植前浇足底水,栽后覆土,栽的深度要保持原来的水平。移栽缓苗期,要保湿保温,气温在20℃左右为宜。缓苗后,要降湿降温,气温降至16℃左右,并要经常中耕促根,预防湿度过大和夏季高温多雨的不利影响。在育苗后1个月(播后30天左右),应满足低温和短日照的要求,这样可以预防早抽薹。定植前,要达到壮苗标准。

6. 叶用莴苣壮苗标准

一般保护地育苗30~50天,具有6~7片叶,须根较多,茎黑绿,较粗,叶片大而宽,株高15厘米左右,植株无病虫害和机械损伤。结球莴苣一般育苗期40~60天,叶片6~8片,露地直播的苗龄以30天为宜,秧苗4~6片叶。

7. 育苗注意事项

整个育苗期要预防鼠害,防止因高温高湿而造成细高徒长。在干旱多肥或低温条件下,叶色浓绿,发育不良;在低温干燥条件下,胚短、子叶小,造成僵化苗。因此,在一般情况下,不适于蹲苗。催芽应在冷凉、有光的条件下进行。

(三)定植与田间管理

莴宜浅根系,靠须根吸收营养。定植前先整地施肥,每亩施腐熟的优质粗肥4 000千克,复合肥20千克,普撒后浅耕15~20厘米,然后做1米宽的高畦,畦高10~15厘米。在秋、冬季节,为了提高地温,可提前1周覆膜烤地,当地温稳定在

8℃以上时，即可移苗定植。

定植时，行距以25~30厘米为宜，每畦4行，穴距25厘米。如果栽散叶莴苣，株距可为15厘米左右。按一定株行距用打孔器打孔栽苗，然后培土并稍加镇压。将畦面平整后，按畦浇水，以水能洇透土坨为宜。一般栽后5~6天就可缓苗成活。

莴苣移栽缓苗后，即可浇水追肥。对于团生菜（结球莴苣）可实行1周蹲苗，然后再进行水肥管理。可随水每亩追施尿素10千克，并且要保持土壤潮湿。另外，结球莴苣在心叶内卷初期，还应叶面喷施0.2%尿素和0.2%磷酸二氢钾。

莴苣不耐高温高湿，当气温超过25℃时，应通风降温或采取遮阳措施。同时，莴苣又怕水涝，所以畦内不可积水，雨后须及时排水。在夏季热雨过后，必须及时涝浇园。

莴苣的茎叶幼嫩多汁，在田间作业时要注意不可损伤茎叶或根系，否则易感病害。在气温高、土壤湿度大的情况下，要趁叶面无露水的时候，摘掉近地面的黄、老、残叶，以防染病。

（四）适时采收

不论结球莴苣或散叶莴苣，其茎叶在老化前都可随时采摘。但产量最高、商品价值最好的采收期，则以叶片充分长大、叶绿叶厚的脆嫩期为好。如果用手轻压叶球，有一定承受力，叶球的松紧度适中时采收为最好。

采收的方法是：对散叶生长的莴苣，可劈摘大叶留小叶，将采摘的叶片捆把上市，也可整株割下。结球莴苣（团生菜）收获时，则从地表割下，摘掉外部老叶，叶球外保留3~4片外叶，即可包装上市。莴苣在3~5℃条件下，可保鲜10~15天。在采收贮运的过程中，一定不可挤压，否则易诱发赤褐斑病，导致腐烂。

（五）病虫害防治

1. 莴苣霜霉病

（1）发病条件。莴苣霜霉病属于真菌性病害。病菌在病残体或种子上越冬，通过叶片的表皮或气孔直接侵入植株，借助风雨、育苗或田间作业进行传播。当气温在 15~17℃、阴雨多湿时，易发此病。

（2）主要症状。莴苣霜霉病为害叶片。病叶有淡黄色病斑，潮湿时叶背长白霉，后期病斑连片，干燥时叶片呈黄褐色干枯。

（3）防治措施。一是实行 2 年以上菜田轮作。二是选用抗病品种。三是加强田间管理，预防高湿。四是可喷 50%多菌灵可湿性粉剂 800 倍液。

2. 莴苣茎腐病

（1）发病条件。莴苣茎腐病属于真菌性病害。病菌在土壤中越冬，通过叶片的气孔直接侵入植株，借助雨水、灌溉或田间作业进行传播。在气温为 20℃以上、空气湿度大或积水的地块里，则易发病。

（2）主要症状。莴苣茎腐病为害叶片和叶柄。叶片或叶球呈现湿状溃烂，并有网状的菌丝。近地面的叶柄有褐色坏死斑，潮湿时外溢褐色汁液，干燥时变成褐色凹陷斑，有时长有褐色菌核。

（3）防治措施。一是选用抗病品种。二是精选种子，用 10%盐水选种，淘汰菌核。三是加强田间管理，预防高湿偏氮。四是喷施 50%腐霉利可湿性粉剂 1 500 倍液，或者喷施 10%菌核净可湿性粉剂 500 倍液。

3. 莴苣虫害

莴苣的害虫，主要有蚜虫、蓟马和地老虎。对蚜虫的防治，可参考种植黄瓜与番茄中防治蚜虫的办法。防治蓟马，可喷 75%乐果乳油 1 000 倍液。防治地老虎，可用青草堆诱杀，也可浇灌 90%的敌百虫 800 倍液。在田间管理方面，应及时清理田园杂草，处理沤粪，消除害虫滋生的环境条件。

二、芹菜

芹菜，别名旱芹、药芹菜。

(一) 生物学特性

1. 形态特征

芹菜属于伞形花科芹属 2 年生草本植物。它为浅根系植物,有主根和大量的侧根。茎短缩,在短缩茎上生有叶柄。叶为羽状复叶,通过较长的叶柄着生在茎基部。叶片和叶柄为绿色或黄绿色,叶柄有实心和空心之分。花小而白,形成复伞状花序。果为双悬果,成熟时裂成两半。种子暗褐色,椭圆形,有纵纹,籽粒小,千粒重 0.4~0.5 克,外有革质保护,不易吸水。

2. 对环境条件的要求

芹菜喜冷凉,耐寒怕热。对温度条件的要求是:适应温度范围为 8~30℃,适宜生长的温度为 15~20℃。对水分条件的要求是:芹菜喜湿润的土壤和空气,如水分充足,不仅生长快,而且品质好。对光照条件的要求是:芹菜属长日照作物,在每日 14 个小时以上的日照条件下才抽薹开花。对营养条件的要求是:芹菜喜肥,每生产 1 000 千克芹菜,需氮 400 克、磷 140 克、钾 600 克,而且对硼的需要量大,每亩需硼砂 0.7 千克。对土壤条件的要求是:芹菜适于富含有机质、保水保肥力强的黏壤土,对土壤酸碱度适应性强,在轻碱的潮湿地里仍可生长。

(二) 育苗技术

1. 播种与育苗期

芹菜喜冷凉湿润的环境。在我国北方的春、秋季节,天气冷凉,适于芹菜生长。一般 6—8 月都可播种,苗龄在 40~60 天。在高温多雨季节,需有遮阳防雨措施。如果在冬季保护地生产,可在 1—3 月于保护地内育苗,苗龄 60 天左右。目前,芹菜可一年四季排开播种,中小拱棚或简易日光温室都可栽培。一般 7—8 月播种,10 月定植。在春季露地种植,一般在 4—5 月播种,6—7 月定植。

2. 品种和播种量

芹菜的早熟品种有西芹、铁杆青、天津实心芹等；中晚熟品种有京芹1号、康乃尔019、意大利冬芹、美国白芹等。一般每亩播种量600~1 000克，育苗后可定植3~5亩生产田。

3. 种子消毒与催芽

芹菜的种皮厚而坚，并有油腺，难透水，发芽困难，而且是双悬果，有刺毛。所以，育苗可用厚布鞋底或厚皮手套或用砖石等，将双悬果搓擦分开，除去刺毛，然后再浸种催芽。先用50℃热水搅拌烫种10分钟，再用清水浸种，接着用冷凉清水浸泡12~14小时，然后揉搓，用清水淘洗干净。待种子表面湿而无水时，与等量湿沙均匀搅拌（也可不掺细沙），而后放在15~20℃冷凉环境条件下保湿催芽。随后每4~6小时，用清水淘洗1次。要在弱光下催芽，在湿布上平铺5厘米厚种子，通过喷水保湿，经常翻动淘洗，经7~8天即可出芽。待60%以上种子萌动后，即可播种。

夏季育苗，也可用5毫克/千克赤霉素溶液浸种12小时，以代替低温催芽。露地直播的播种量要加大，而且地温必须稳定在12℃以上时才可播种。

4. 育苗床准备与床土消毒

芹菜育苗只用苗床，不用营养钵或土方。配制床土，多用肥沃的园田土6份，加腐熟马粪3份，细沙1份，分别过筛后混匀撒施。在苗床土浅翻、施足基肥后，再平整做畦。如果需要床土消毒，可配制药土备用（配制药土的方法，与种植黄瓜或番茄配制药土的方法相同）。

5. 播种与苗期管理

当地温稳定在12℃、气温在15~20℃时，即可播种育苗。一般在6月中旬播种，播种前先浇足苗床水，普撒2/3（0.5厘米厚）药土，然后再播种。每平方米苗床播种3克左右，播种后覆盖1/3药土和细潮土（0.5~0.8厘米厚）。为了保持18~

20℃的气温,同时保持一定湿度,可覆盖塑料膜或湿草苫,尤其是在夏播时要注意遮阳和降温。出苗以后,立即降温降湿,揭掉覆盖物,以防徒长。为使刚出土的籽苗适应环境,夏天可在阴天或午后揭覆盖物,随后浇井水降温。出苗后要保持土壤潮湿,在夏季露地育苗还要在热雨过后及时浇井水降温保苗。出苗后的温度以15~18℃为宜。当幼苗长到2~3叶期时,要结合浇水追施1次氮肥,每亩施用尿素5千克。整个育苗期都要及时除治杂草,经常中耕松土,以促进根系发育。在1~2叶期,可以进行间苗或移苗,苗距1~1.5厘米即可。长成壮苗后,当生产田地温稳定在12℃左右,即可定植。

6. 芹菜秧苗的壮苗标准

苗龄一般45~70天,株高7~10厘米,有3~5片真叶,叶色浓绿,根系较多,无病虫害,无机械损伤。

7. 芹菜育苗注意事项

芹菜喜冷凉环境。育苗地温在13℃左右,气温在18℃左右,可以控制徒长。由于苗期生长缓慢,根又喜湿,所以土壤墒情要好。芹菜种子有需光性,浸种催芽时应让种子见光。芹菜种子小,种皮厚,吸水困难,应温汤浸种后再催芽。为了保证顺利出苗,夏、秋季播种时要遮阳,以防强光高温。播种床表面要盖草,以保湿降温。

(三) 适时定植

芹菜定植期的地温应在13℃左右,气温应在18~20℃。定植前需整地做畦,而且需要施足基肥。每亩施腐熟农家肥8 000千克、复合肥15千克。为了预防叶柄劈裂,每亩还应施硼肥(硼砂)0.5千克。肥料均匀普撒后,耕翻菜地20厘米深,然后做畦,畦宽1米即可。

定植方法是:在畦内开沟穴栽,沟距10~15厘米,穴距10厘米,每穴栽苗2~3株,如果种植西芹则每穴栽1株壮苗。叶柄超过10厘米的剪掉。定植时主根太长时,可在4厘米处剪断,促发侧根。栽的深度以土能埋上根茎为准,边栽边封沟平畦,随后浇水,并搭盖小拱棚保温保湿。对于直播芹菜,当苗高4厘米左右时进行间苗,当苗高10厘米左右时可按株距10厘米左右定苗,也可按每穴2株留苗。

(四)定植后的管理

在春季定植秧苗,应采取保温保湿措施。在夏、秋季定植秧苗,应适当降温降湿,一般控制地温在15℃左右,控制气温在20℃左右,保持土壤湿润即可。一般需12~18天缓苗。缓苗后,应适当降温降湿,同时为了防止徒长,还要进行中耕松土,并蹲苗1周左右。

芹菜是浅根系的喜湿作物,尤其在高温季节必须勤浇小水,降温保湿。由于芹菜栽植密度大,缓苗后茎叶生长加快,因而应及时追肥,一般每半月追肥1次,每亩需施用尿素15千克、磷钾复合肥20千克。同时,土壤必须保持湿润。定植后1个月左右,为加速茎叶生长,可喷施40毫克/千克赤霉素溶液,每10天喷施1次,共喷2次;也可叶面喷施0.2%尿素溶液。

(五)适时采收

芹菜一般生育期为120~140天,在成株有8~10片成龄叶时,就可采收。如果水肥条件好,光照适宜,叶柄长可达40~70厘米。如果营养条件差,缺水干旱,光照又太强,则易老化,品质差,产量低,株高只有20~30厘米。不管怎样,到采收期必须采收,否则品质会进一步下降,而且易引起病虫害或倒伏。采收要选在无露水条件下进行。采收方法有3种:一是成片割收或连根拔起,倒茬腾地时必须采用这种方法。二是间拔大株留小株,这种采收方法可保证产量和质量,又可进行多次采收,为小株增加营养面积和生长空间,并可通过加强水肥管理,促小株加快生长。三是实行掰收,每次每株只掰2~4片大叶。掰的时候一手按住根部,另一手把住叶柄基部掰下,一定不可转动根茎。一般每7~10天掰收1次。芹菜每亩产量在3 000~

5 000千克。

(六) 芹菜生产历程

芹菜生产历程,如表2-9所示。

表2-9 芹菜生产历程

栽培形式	播种期	定植期	采收期
温室冬茬	7月上旬至 7月下旬	9月上中旬	12月上旬至 翌年1月上旬
阳畦冬茬	7月下旬至 8月上旬	9月下旬至 10月上旬	翌年1月下旬至 3月上旬
阳畦春茬	8月下旬至 9月上旬	12月下旬至 翌年1月下旬	3月下旬至 4月下旬
小拱春茬	7月下旬至 8月上旬	9月下旬至 10月上旬	翌年2月中旬至 4月中旬
春露地	2月上旬至 3月上旬	3月下旬至 4月下旬	5月下旬至 7月上旬
秋茬芹菜	6月上旬至 6月下旬	8月上旬至 8月下旬	10月中旬至 11月下旬

(七) 病虫害防治

1. 芹菜斑枯病 (又称叶枯病、晚疫病或火龙)

(1) 发病条件。芹菜斑枯病属于真菌性病害。病菌在病残体或种子上越冬,通过茎叶的表皮或气孔侵入植株,如种子带菌则直接产生病株,借助风雨或育苗传播。当气温在20~25℃、空气相对湿度在85%以上时,则易发病。此外,气温过高或过低,湿度过大或过小,雾露天气,也易发此病。

(2) 主要症状。芹菜斑枯病可为害叶片、叶柄和茎。我国芹菜斑枯病主要有大斑型和小斑型2种。华南地区主要是大斑型,东北、华北地区则以小斑型为主。大斑型:初发病时病斑呈浅褐色油渍状小斑,后逐渐扩展,中央开始坏死,后期扩展到3~10毫米,多散生,边缘明显,外缘深褐色,中央褐色,散生黑色小粒点,即病原菌分生孢子器。小斑型:大小0.5~2毫米,很少超过3毫米,常多个病斑融合,边缘明显,红褐色至黄褐色,内部黄白色至灰白色,病斑四周常现黄色晕圈,边缘处常聚生很多黑色小粒点。叶柄和茎染病均为长圆形稍凹陷病斑,边缘明显,褐色,内部色浅,斑上密生明显的黑色粒点。

(3)防治措施。一是选用抗病品种。如津南冬芹、定州实心芹、冬芹、夏芹、津芹、天马、上海大芹、文图拉、美国玻璃脆、西芹3号、春丰等。二是选用无病种子。从无病株上采种或采用存放2年的陈种。或对带病种子进行消毒,如采用新种要进行温汤浸种,即48~49℃温水浸种30分钟,边浸边搅拌,后移入冷水中冷却,晾干后播种。三是加强田间管理。施足腐熟有机肥或生物有机复合肥,看苗追肥,增强植株抗病力。保护地栽培要注意降温排湿,白天控温15~20℃,高于20℃要及时通风,夜间控制在10~15℃,缩小昼夜温差,减少结露,切忌大水漫灌。四是药剂防治。保护地芹菜苗高3厘米后有可能发病时,施用45%百菌清烟剂熏烟,用量为每亩每次200~250克或喷撒5%百菌清粉尘剂,每亩每次1千克;也可喷洒0.5%OS-施特灵水剂500倍液。露地可选喷78%波尔·锰锌可湿性粉剂500~600倍液或75%百菌清可湿性粉剂600倍液或30%苯噻氰乳油1 300倍液或10%恶醚唑水分散粒剂2 000倍液或47%春雷·王铜可湿性粉剂700倍液,隔7~10天1次,连续防治2~3次。

2. 芹菜菌核病

(1)发病条件。芹菜菌核病属于真菌性病害。菌核在土壤中或种子里越冬,通过茎叶的表皮或伤口侵入植株,借助风雨、育苗或田间作业传播。当气温在15℃左右、空气相对湿度在85%以上时,则易发病。

(2)主要症状。芹菜菌核病在保护地里为害较为严重,主要为害叶片和茎。病叶有褐色水浸斑,潮湿时生白色菌丝,并易软腐。

病茎有椭圆形褐色水浸斑，潮湿时生白霉，并软腐，后期可形成黑色菌核。

（3）防治措施。一是实行3年轮作。二是从无病株上选留种子或播前用10%盐水选种，除去菌核后再用清水冲洗干净，晾干播种。三是收获后及时深翻或灌水浸泡或闭棚7~10天，用高温杀灭表层菌核。四是采用生态防治法避免发病条件出现。五是药剂防治。发病初期开始喷洒40%灰霉菌核净悬浮剂1 200倍液或40%菌核净可湿性粉剂800倍液或50%异菌脲可湿性粉剂1 000倍液。棚室采用10%腐霉利烟剂或10%氟吗啉粉尘剂，每亩每次250克，熏1夜，隔8~10天1次，连续防治3~4次。使用腐霉利的采收前5天停止用药。

3. 芹菜叶斑病（又称早疫病、斑点病）

（1）发病条件。芹菜叶斑病属于真菌性病害。病菌在种子或病残体上越冬，通过茎叶的表皮或气孔直接进入植株，借助风雨、育苗或田间作业传播。当气温在25~30℃的高温高湿或高温干旱条件下，都易发病。

（2）主要症状。芹菜叶斑病为害叶片、叶柄和茎。病叶上有圆形黄绿色水浸斑，逐渐汇成灰褐色大病斑，潮湿时生灰霉，严重时叶片枯死。叶柄和茎染病，有椭圆形灰褐色凹陷斑，潮湿时生灰霉，严重时全株倒伏。

（3）防治措施。一是选用耐病品种。如津南实芹1号等。二是从无病株上采种，必要时用48℃温水浸种30分钟。三是实行2年以上轮作。四是合理密植，科学灌溉，防止田间湿度过高。五是药剂防治。发病初期喷洒50%多菌灵可湿性粉剂800倍液或78%波尔·锰锌可湿性粉剂600倍液或53.8%氢氧化铜干悬浮剂1 000倍液或10%恶醚唑水分散粒剂2 000倍液。保护地条件下，可选用5%百菌清粉尘剂，每亩每次1千克，方法同黄瓜霜霉病；或施用45%百菌清烟剂，每亩每次200克，隔9天左右1次，连续或交替施用2~3次。

4. 芹菜病毒病

（1）发病条件。芹菜病毒病是由病毒引起的传染性病害。病毒在病残体上或土壤里越冬，通过伤口或表皮直接侵入植株，借助汁液接触或蚜虫传播。在高温干旱和有蚜虫条件下，则易发病。

（2）主要症状。芹菜病毒病为害叶片。病叶皱缩，并有黄绿斑，逐步发展成皱缩黄叶，全株矮化。

（3）防治措施。一是实行菜田轮作。二是选用抗病品种。三是对种子消毒。四是加强田间管理，预防高温干旱。五是及时防治蚜虫，可喷施1.5%烷醇·硫酸铜乳剂1 000倍液或喷施20%吗胍·乙酸铜可湿性粉剂500倍液。

5. 芹菜虫害

芹菜主要的害虫为蚜虫，可挂银灰色塑料膜驱蚜，也可用黄色机油板诱杀，或者喷施乐果乳油1 000倍液。在田间管理上，要预防高温干旱。如果是棚室内栽培，可在门窗和通风口处挂上纱网，以防蚜虫侵入。

三、菠菜

菠菜又称为波斯草、赤根菜、红根菜，是藜科菠菜属绿叶蔬菜。菠菜以绿叶为主要产品器官，原产伊朗，目前世界各国普遍栽培。在我国分布很广，是南北各地普遍栽培的秋、冬、春季的主要蔬菜之一。

（一）形态特征

菠菜主根发达，较粗大，侧根不发达，主要根群分布在25～30厘米耕层内。抽薹前叶着生在短缩的盘状茎上。叶戟形或卵形，色浓绿，质软，叶柄较长，花茎上叶小。叶腋着生单性花，少有两性花，雌雄异株，风媒花；菠菜植株的性型表现一般有4种。

（1）绝对雄株。植株较矮小，花茎上叶片不发达或呈鳞片状。复总状花序,只生雄花,抽薹早,花期短。

(2) 营养雄株。植株较高大,基生叶较多而大,雄花簇生于花茎叶腋,花茎顶部叶片较发达。抽薹较晚,花期较长。

(3) 雌性植株。植株高大,茎生叶较肥大,雌花簇生于花茎叶腋,抽薹较雄株晚。

(4) 雌雄同株。植株上有雄花和雌花。种子圆形,外有革质的果皮,水分和空气不易透入,发芽较慢。

(二) 对环境条件的要求

菠菜是绿叶菜类耐寒力最强的一种,成株在冬季最低气温为-10℃左右的地区,都可以露地越冬。菠菜种子发芽最适温度为15~20℃,叶面积的增长以日平均气温20~25℃增长最快;在干热条件下,叶片窄薄瘦小,质地粗糙有涩味,品质较差。

菠菜是长日照蔬菜。温度和光照对菠菜的孕蕾、抽薹、开花有交互作用。

花器的发育、抽薹和开花随温度的升高和日照加长而加速。要提高菠菜的个体产量,应当在播后的叶片生长期有20℃左右的温度,日照逐渐缩短,使叶原基分生快,花芽分化慢,争取较多的叶数。

菠菜在生长过程中需要大量水分。在空气相对湿度80%~90%,土壤湿度70%~80%的条件下,营养生长旺盛,叶肉厚,品质好,产量高。生长期间缺水,生长速度减缓,叶组织老化,纤维增多,品质差。

菠菜适宜pH值为5.5~7.0、保水保肥力强的肥沃土壤,以及氮、磷、钾完全肥料,不仅提高产量,增进品质,而且可以延长供应期。

(三) 栽培技术

1. 茬口安排

菠菜在日照较短和冷凉的环境条件有利于叶簇的生长,而不利于抽薹开花。菠菜栽培的主要茬口类型有早春播种,春末收获,称春菠菜;夏播秋收,称秋菠菜;秋播翌春收获,称越冬菠菜;春末播种,遮阳网、防雨棚栽培,夏季收获,称夏菠菜。大多数地区菠菜的栽培以秋播为主。

2. 土壤的准备

播种前整地深为25~30厘米,施基肥,作畦宽为1.3~2.6米,也有播种后即施用充分腐熟粪肥,可保持土壤湿润和促进种子发芽。

3. 种子处理和播种

菠菜种子是胞果,其果皮的内层是木栓化的厚壁组织,通气和透水困难。为此,在早秋或夏播前,常先进行种子处理,将种子用凉水浸泡约12小时,放在4℃条件下处理24小时,然后在20~25℃条件下催芽,或将浸种后的种子放入冰箱冷藏室中,或吊在水井的水面上催芽,出芽后播种。菠菜多采用直播法,以撒播为主,也有条播和穴播的。在9—10月播种,气温逐渐降低,可不进行浸种催芽,每公顷播种量为50~75千克。在高温条件下栽培或进行多次采收的,可适当增加播种量。

4. 施肥

菠菜发芽期和初期生长缓慢,应及时除草。秋菠菜前期气温高,追肥可结合灌溉进行,可用20%左右腐熟粪肥追肥;后期气温下降浓度可增加至40%左右。越冬的菠菜应在春暖前施足肥料,在冬季日照减弱时应控制无机肥的用量,以免叶片积累过多的硝酸盐。分次采收的,应在采收后追肥。

5. 采收

秋播菠菜播种后30天左右,株高为20~25厘米可以采收。以后每隔20天左右采收1次,共采收2~3次,春播菠菜常一次采收完毕。

四、生菜

生菜,叶用莴苣的俗称,属菊科莴苣属,一年或二年生草本植物，原产欧洲地中海沿岸，由野生种驯化而来。水分含量高，含热量低，脆嫩爽口，深受大众喜爱。

（一）土壤选择

生菜属半耐寒性蔬菜，喜冷凉湿润的气候条件，不耐炎热干旱，适于保护地栽培。应选择有机质丰富，土壤肥沃，保水，保肥力强，透气性好，排灌方便的微酸性土壤或黏质土壤。

（二）品种选择

可选择半结球生菜如意大利全年耐抽薹、抗寒奶油生菜等；散叶生菜有美国大速生、生菜王、玻璃生菜、紫叶生菜等。

（三）播种育苗

1. 播种期

一般播种期为8月至翌年2月，最佳播种期为10月中旬至12月中旬。3月上旬至5月上旬亦可播种，不过生育期短、产量低。冬季、早春时可大、小棚栽培，夏季进行遮阳网或荫棚栽培。

2. 做苗床

苗床土力求细碎、平整，1平方米施入腐熟农家肥10~20千克、磷肥0.025千克，撒匀，翻耕，整平畦面。

3. 播前种子处理

高温季节播种，种子须进行低温催芽，方法是：先用井水浸泡6小时左右，搓洗捞出后用湿纱布包好，置于15~18℃温度下催芽，或吊于水井中催芽，或于冰箱（5℃左右）中存放24小时，再将种子置阴凉处保湿催芽；也可用"九二〇"催芽，即用200毫克/千克的"九二〇"浸种24小时后发芽，可顺利打破生菜种子休眠，2~3天即可齐芽，80%种子露白应及时播种。育苗移栽25克种子可栽1亩大田。

4. 苗期管理

播前浇透底水，将种子与等量湿细沙子混匀后撒播，覆土

0.5厘米左右。加强苗期管理,苗期温度白天控制在16~20℃,夜间10℃左右。2~3片真叶时及时间苗或分苗。冬春季育苗,大棚或露地要注意苗床保湿,控制浇水,防止湿度过大。夏季露地育苗,注意用遮阳网覆盖遮阴防雨,降温保湿,每天淋水2~3次,使土湿润。

(四)定植

玻璃生菜苗龄25天左右,达4~6片真叶时可定植,株行距14厘米×18厘米。结球生菜苗龄30~35天,5~6片真叶时定植,株行距17厘米×20厘米,畦宽80~90厘米。定植地每亩施有机肥4 000~5 000千克、过磷酸钙20千克,或复合肥50千克;定植时应带土护根,及时浇定植水,栽植深度以埋入土中将苗稳住为宜,不可埋住心叶。

高温季节定植的应在定植当天上午,搭好棚架盖遮阳网,16时后移栽。冬春栽培,还可地膜覆盖。大棚栽培,白天温度控制在12~22℃为宜,过低要注意保温,过高(24℃以上)要揭棚通风降温排湿,一般情况下,可使大棚裙膜敞开。

(五)田间管理

1. 管肥

生菜需肥较多,应勤施多施,定植后5~6天,追少量速效氮肥;15~20天后,每亩追复合肥15~20千克;25~30天后,追复合肥10~15千克。但中后期不可用人粪尿作追肥。

2. 管水

定植后需水量大,应根据缓苗后天气、土壤湿润情况适时浇水,一般5~7天1次,中后期控制浇水不过量,大棚栽培应控制棚内湿度,采收前5天,要控制浇水。

(六)病虫害防治

病害主要有菌核病、软腐病等,虫害主要有白粉虱、蚜虫等。应采用加强田间管理、搞好田园清洁、选用抗病品种等综合措施，化学防治应选用高效、低毒、低残留农药。

菌核病多发生在2—3月，可用50%多菌灵可湿性粉剂75~125克或70%甲基托布津可湿性粉剂50克对水喷雾。

软腐病在高温多雨月份易发生，可用47%加瑞农可湿性粉剂100~120克对水喷雾或77%可杀得可湿性粉剂500倍液等喷雾。

蚜虫为害多在秋冬季和春季，可用10%蚜虱净乳油1 000~2 000倍液。

第五节　根茎类蔬菜无公害栽培技术

一、萝卜

萝卜有很多优良品种，各品种的栽培、用途和对环境条件的适应性都有差异，故利用品种的特性，选择适宜的品种，进行多季节栽培，可高产优质和全年供应。长江中下游地区依播种生长季节分为秋季栽培、夏季栽培和春季栽培，其中以秋季栽培为主。近年由于生食萝卜需求增加，春、夏萝卜的栽培面积有所扩大。

（一）秋季栽培技术

1. 秋萝卜品种

秋萝卜可分为早秋萝卜和晚秋萝卜。早秋萝卜多选用生长期短、上市早的圆萝卜，如宁波圆白、昆山圆白，还有一点红萝卜、红妃樱桃萝卜、成都满身红萝卜、弯腰青水果萝卜、露头青萝卜等。晚秋萝卜严冬前采收的品种有美浓早生大根、白玉春、秋成2号大根、浙大长、夏美浓3号、夏美浓4号、天春大根等。露地越冬宜选用肉质根全埋或微露土面的品种，如太湖晚长白、杭州迟花萝卜、上海筒子萝卜等。

2. 选地

萝卜品种有长根型和短根型之分，长根型品种选择土层深厚、土质疏松的沙壤土或沙土；肉质根全部或大部深埋于土中的品种，选地要求更高。短根型品种不如长根型品种要求严格。萝卜不宜连作，应尽量避免与十字花科蔬菜连茬种植。

3. 整地

播种前数天进行深耕晒垡。每亩施腐熟有机肥2 000~2 500千克、过磷酸钙20~30千克、硫酸钾30~40千克作基肥。复耕1~2次后作高畦，畦宽连沟为1.5米。畦长保持15米左右，超过15~20米的要增加横沟（俗称腰沟），横沟深度应超过畦沟，并与排水沟相通。

4. 播种

圆根型品种多行条播，行距为30~40厘米，株距为20厘米，每亩用种量300~400克，樱桃萝卜一般采用撒播，每亩用种量800~1 000克。长根型品种都行点播，行距为40~50厘米，株距为30~40厘米，每穴播种子1~2粒，每亩用种量200~300克。播种时如果土壤水分不足，播前先浇水，或播后轻浇水。播种后盖土厚度约2厘米。覆土过浅，土壤易干，且出苗后易倒伏，造成胚轴弯曲、根形不直；覆土过深，影响出苗的速度，还影响肉质根的长度和颜色。

5. 管理

出苗后间苗要及时，一般进行2次，2片真叶时第一次间苗，在4~5片真叶时第二次间苗，同时结合定苗。萝卜施肥以基肥为主，追肥宜早，第一次间苗后追施一次氮肥，定苗后再施一次，以后不再追肥，以免引起叶丛徒长，影响肉质根的膨大。萝卜叶面积大而根系弱，抗旱力较差，需适时适量供给水分。如果遇干旱要及时浇水，保持土壤湿润。生长前期缺水，叶片不能充分长大，产量低，需要少水勤浇；叶片生长盛期，不干不浇，地发白才浇，但水量较之前要多；根部生长盛期应充分均匀供水，保持土壤湿度为70%~80%；根部生长后期仍应适当浇水，防止出现空心；肉质根膨大盛期，空气湿度为80%~

90%，则品质优良。秋萝卜要进行中耕除草，间苗、定苗时各进行一次，同时结合清沟进行培土。

6. 采收

早秋萝卜播种后 50~60 天采收，可达到一定产量又保持其良好品质。收获期不宜过迟，否则会出现空心。晚秋萝卜根部大部露在地上的品种，都要在霜冻前及时采收；而根部全部在土中的迟熟品种，要尽可能延迟收获，以提高产量。需要储藏的萝卜，在土壤封冻前采收，以防止储藏中形成空心。萝卜采收后即上市的，可切除叶丛。如果需储藏的，可留一小段叶柄，防止肉质根受伤腐烂。

（二）夏秋栽培技术（夏秋萝卜）

1. 品种选择

夏秋萝卜品种如果选用不当，会影响产量。夏秋期间温度高，病虫为害多，所以宜选用耐热、抗病的品种，例如热抗 40、夏长白 2 号、南京五月红、四季满身红、天春大根等品种。

2. 整地作畦

选择前茬非十字花科作物，地势高爽，排灌两便的沙壤土或壤土为宜。高畦栽培，三沟配套，夏季栽培品种生育期较短，每亩施腐熟有机肥 2 000 千克，25%蔬菜专用复合肥 20 千克，撒施均匀后进行旋耕，作畦同秋季栽培。

3. 播种

夏萝卜一般在 5—6 月间播种，采取条播，行株距均为 20~30 厘米。

4. 管理

夏季栽培为防暴雨冲刷，可采取搭小拱棚或适当遮阳网覆盖栽培，田间干旱需及时浇水。浇水注意尽量在傍晚进行，台风暴雨要及时排干田间积水，做到雨停沟干。其他管理措施同秋季栽培。

5. 采收

一般夏季栽培品种生育期较短，60天左右可以收获，要注意及时采收，以防糠心。

(三) 春季栽培技术（春萝卜）

1. 品种

春萝卜选用生长期短，冬性较强的品种，如四季萝卜类中的上海小红、一点红萝卜、特新白、南京扬花萝卜、春白、改良春玉、春大星、旱红萝卜、樱桃萝卜和天春大根等品种。

2. 选地、整地

同秋季栽培。

3. 播种

春萝卜播种期在2月中旬至3月下旬，冬性强的品种如上海小红于2月中下旬至3月播种，扬州小红、天春大根等以3月播种为宜，过早，容易先期抽薹。春萝卜短根型小萝卜品种可采取撒直播，每亩用种量600~800克。其余品种都取条播或穴播，每亩用种量300~400克。

4. 管理

同秋季栽培。

5. 采收

短根型小萝卜品种播种后50~60天采收。上市时可将3~5只萝卜连同叶片扎成一束。樱桃萝卜20~30天采收，8~10只扎成一束。

二、胡萝卜

胡萝卜为伞形花科一二年生草本植物，原产中亚细亚、欧洲及非洲北部地区，栽培历史在2 000年以上。元代初期传入我国，在南北方都有栽培。由于其栽培方法简单、病虫害少、适应性强、耐储藏而大量栽培，是冬季主要的储藏蔬菜之一。

(一) 植物学特征

1. 根

根系发达,是深根性蔬菜,最大根长可达180厘米。肉质根形状有长圆锥形、短圆锥形、长圆柱形、短圆柱形。肉质根颜色以橙红、橙黄为多,也有红褐、紫、黄、浅黄或白色等。以橙红色肉质根含胡萝卜素较多。肉质根外层为发达的韧皮部,是主要食用部分;肉质根中心柱为次生木质部,含营养较少。一般中心柱占比例较大的肉质根品质较差。

2. 茎

在营养生长期为短缩茎,生殖生长期在短缩茎上抽生花薹,即花茎。

3. 叶

叶片丛生于短缩茎上,羽状复叶。小叶细裂,叶柄细长,叶面积较小,叶面密生茸毛。

4. 花、果实和种子

复伞形花序,每个花序有上千朵小花,花白色或淡黄色。果实为双悬果,成熟时一分为二,单果长椭圆形,表面密生刺毛。单果内有种子,种胚小,常发育不良或无胚。生产上一般以果实作播种材料。

(二) 对环境条件的要求

1. 温度

胡萝卜为半耐寒性蔬菜,对温度的要求与萝卜相似,但耐寒性和耐热性比萝卜稍强,可比萝卜提早播种或延后收获。种子4~5℃时可以发芽,发芽适温为18~25℃。幼苗较耐低温和高温。肉质根膨大期的适温为18~23℃(白)/13~18℃(夜),肉质根颜色对温度较敏感,在15~21℃时有利于胡萝卜素的形成。开花结实期的适温为25℃左右。胡萝卜是绿体春化型植物,植物长到一定大小(具有10片叶)以后,在1~6℃的低温条件下，需经 40~80 天才能通过春化阶段。因此，胡萝卜春季栽培中先期抽薹的现象较萝卜少。

2. 光照

充足的光照有利于胡萝卜叶片的生长和肉质根的膨大，因此生产上要合理密植，及时清除田间杂草。胡萝卜是长日照植物，通过春化阶段后，需在 14 小时以上的长日照条件下才能抽薹开花。

3. 水分

胡萝卜根系发达，吸水力强、叶片蒸发水分少，耐旱力比萝卜强。生产上要根据植株各生长阶段的需水情况，适当灌溉，特别是在种子发芽期、肉质根旺盛生长期，需要较高的土壤湿度。肉质根膨大期还要防止土壤忽干忽湿造成裂根。

4. 土壤营养

胡萝卜适宜栽种于土层深厚、土质疏松、排水良好的沙壤土或壤土上。例如，土壤坚硬、通气性差、酸性强，易使肉质根皮孔凸起，外皮粗糙，品质差，产量低。胡萝卜的施肥原则是，施足有机肥，配合追施氮肥和钾肥。有机肥要腐熟细碎，而氮肥着重前期分次追施，钾肥着重中后期追施，田间生长全期叶面喷洒硼肥有增产和提高品质的作用。

（三）栽培技术

1. 栽培季节与茬口安排

胡萝卜一般分为春、秋两季栽培，以秋季为主。少数地区有春、夏、秋三季栽培。秋胡萝卜多于 7—8 月播种，11—12 月收获。春胡萝卜多于 2 月播种，5—7 月收获。夏胡萝卜主要在北方或高山气温较低的地区栽培，其播种期可比秋胡萝卜提前 15~20 天。

2. 秋胡萝卜栽培技术

（1）整地、施肥、作畦。前茬作物采收后及时清园，深耕细耙，耕地时每亩施入腐熟细碎农家肥 3 000~4 000 千克，草木灰 100~200 千克，过磷酸钙 10~15 千克作基肥。一般作平畦，畦宽为 1.2~1.5 米。

（2）播种。华北地区一般在 7 月上旬至中旬播种，11 月上中旬收获。长江中下游地区于 8 月上旬播种，11 月底收获。广东、福建等地于 8—10 月可随时播种，冬季随时收获。高纬度地区播种期可适当提早，如新疆北部地区应于 6 月上旬播种，10 月初收获。由于胡萝卜是以果实作播种材料，果皮革质不易透水，上面还有刺毛，而且许多果实种胚发育不全，因此种子的发芽率较低，一般只有 70% 左右，陈年种子发芽则更差。所以必须选用新种子，播前搓去果实表面的刺毛，再经浸种催芽处理，然后播种。播种方法有撒播与条播两种，撒播每亩需种子 1~1.5 千克；条播按行距为 17 厘米开沟，沟深为 3~4 厘米，先沿沟浇底水造墒，待水渗入土壤后将种子播入，覆土 1~2 厘米并稍加镇压。

（3）田间管理。条播或撒播的幼苗出土后及时间苗。在两三片真叶时进行第一次间苗，株距为 3 厘米，并在行间进行浅中耕，促使幼苗生长。幼苗四五片真叶时进行第二次间苗，保持株距为 10~17 厘米，并进行中耕除草一次。早熟品种、小型肉质根品种适当密些，反之则稀些。一般追肥两次，第一次追肥在幼苗三四片真叶时进行，每亩可追施硫酸铵 2~4 千克、过磷酸钙 3~3.5 千克、钾肥 1.5~2 千克。第一次追肥后 20~25 天进行第二次追肥，每亩施入硫酸铵 7 千克、过磷酸钙 3~3.5 千克、氯化钾 3~3.5 千克。胡萝卜的抗旱性较萝卜强，但整个生长期都应保持土壤湿润，以利于植株生长和肉质根形成。在夏、秋干旱时，特别是在肉质根膨大时，要适量增加浇水，才能获得优质、高产。若供水不足，根部瘦小粗糙；供水不匀，肉质根易开裂。

（4）采收。胡萝卜收获期一般在肉质根充分膨大后为宜，此时植株地上部心叶呈黄绿色，外叶稍有枯黄。过早收获，产量低,味淡不甜;收获过晚,肉质根易硬化或受冻害。华北地区秋胡萝卜多在10月中下旬始收并陆续上市。准备储藏的,可在11月上中旬收获。

3. 春胡萝卜栽培技术

春胡萝卜一般于春季播种,夏季收获。由于这一茬口外界气温先低后高,不符合胡萝卜生长发育对环境条件的要求,容易发生未熟抽薹,再加之生长期短,产量较低。如果采取一定的技术措施,管理得当,也能获得较好的经济效益。第一,应选择耐低温、冬性强、不易抽薹的品种,如三寸、五寸、黄胡萝卜等品种。第二,合理安排播种期,当外界平均气温稳定在6~8℃时要及早播种,有条件的可进行简易保护设施栽培。第三,播前对种子进行浸种催芽处理,以提高发芽率和出苗速度。第四,最好采用垄作,以利于提高地温,也可进行畦播。垄作时垄高为8~10厘米,垄顶开1~1.5厘米浅沟进行条播,条播后覆土1~1.5厘米,稍加镇压,最后垄上覆盖地膜。出苗齐苗后揭去地膜。第五,在田间管理上前期以增温、保湿为主,后期随植株生长可加大肥水管理。

三、马铃薯

马铃薯,又名土豆、荷兰薯、洋芋、山药蛋等,为茄科茄属一年生草本。是茄科茄属中能形成地下块茎的一年生草本植物。食用器官是块茎,具有营养丰富、高产高效、生育期短、粮菜兼用的特点。

(一)形态特征

1. 根

分为芽眼根和匍匐根,芽眼根由芽的基部发出来,是主要的吸收根系。匍匐根是在地下茎节处的匍匐茎周围发出的根,专为结薯提供水分和养分。

2. 茎

马铃薯的茎分为地上茎、地下茎。地上茎为绿色、直立，茎上腋芽能形成分枝。断面菱形。埋在土壤内的茎为地下茎，包括匍匐茎和块茎。匍匐茎是茎在土壤中的分枝，是茎的变态。块茎是由匍匐茎末端节间极度短缩，积累大量养分并膨大形成的。块茎上有芽眼，一般每个芽眼有3个芽，中央为主芽，两侧为副芽，一般副芽不萌发。

3. 叶

幼苗的初生叶是单叶，全缘，颜色较深。随植株的生长，渐渐形成奇数羽状叶，叶上有茸毛和腺毛。

4. 花

为伞形花序或分叉聚伞形花序，着生在茎的顶端，花的开放标志着地下块茎开始膨大。早熟品种第一花序开放、中晚熟品种第二花序开放，地下块茎开始快速膨大。小花5瓣，两性花，白花授粉。

5. 果实与种子

浆果，圆形或椭圆形，青绿色。种子多为扁平近圆形或卵圆形，浅褐色，千粒重0.5~0.6克。果实生长与块茎争夺养分，对产量形成不利，摘除花蕾有利于增产。

（二）对环境条件的要求

1. 温度

马铃薯块茎形成的最适土壤温度为16~28℃，白天气温20~25℃和夜间气温12~14℃的时期。块茎萌芽的适宜温度8~10℃时，10~12℃时幼芽可茁壮成长并很快出土。植株生长最适温度为21℃左右。

2. 光照

马铃薯是喜光作物，充足的光照利于茎叶生长和现蕾。较短的日照对块茎的形成有利。

3. 水分

马铃薯开花前后，正是块茎膨大期，土壤水分要补充足够，易于获得高产。块茎膨大后期，应减少灌水。土壤水分经常保持60%~80%比较适宜。

4. 土壤养分与 pH 值

马铃薯是高产作物，需肥量较大，尤以钾肥的需要量最为突出。一般氮、磷、钾的比例为5∶10∶10或4∶8∶10。忌施用含氯离子的肥料。马铃薯对土壤的适应范围较广，以土层深厚、结构疏松、排水良好、富含有机质的微酸性壤土最适合马铃薯生长，土壤 pH 值适宜范围为5~6。

（三）栽培季节和茬次安排

马铃薯栽培茬次安排的总原则是把结薯期放在温度最适宜的季节，土温16~18℃，白天气温20~25℃和夜间气温12~14℃的时期。各地可选择适宜时间进行春播夏收或春播秋收的露地栽培或地膜覆盖栽培；北方地区可以利用地膜加小拱棚、塑料大棚、温室等设施进行马铃薯冬春栽培。

（四）春季地膜覆盖栽培技术

春季地膜覆盖栽培可以比常规露地栽培提早上市10~20天，抢到市场销售空档，提高经济效益。

1. 整地施肥

尽量选择地势平坦、土层肥厚、微酸性的壤土茬。忌与茄科作物（如番茄、茄子、辣椒等）轮作，马铃薯是高产喜肥作物，需施足基肥。结合翻地施入腐熟农家肥每亩5 000千克，过磷酸钙每亩25千克，硫酸钾每亩15千克。依当地气候条件可垄作、畦作或平作。

2. 品种选择

根据气候特点，选择高产、抗病、优质、商品性好，春播秋收的脱毒马铃薯品种。北方应选中熟丰产良种，如克新系列、高原系列、东农303、克新2号、克新6号、大西洋等。在中原地区，需要选择对日照长短要求不严的早熟高产品种，而且要求块茎休眠期短或易于解除休眠，对病毒性退化和细菌性病害也要有较强的抗性，如克新4号、鲁薯1号、中薯2号、中薯5号、费乌瑞它等。

3. 种薯处理

选择薯皮光滑，颜色鲜正，大小适中，无病、无冻害、芽眼多、薯形正常的薯块作种薯，用种量每亩120~150千克。在播种前20~30天催芽。催芽前晒种利于早发芽、发壮芽。于晴天10~15时把筛选好的薯种放在棚架、草苫或席上，让太阳光直接照射，晒2~3次。

切薯块在催芽前1~2天进行，每块至少要有1个芽眼，块重25~50克。薯块切面若发现有乳黄色环状或枯竭变黑等症状时，应丢弃该种薯，并用1%高锰酸钾或福尔马林或800倍液50%多菌灵或70%酒精液擦涂茬体，或用水冲洗茬体，避免茬体污染其他种薯。切块后用50%多菌灵500倍液或0.05%高锰酸钾溶液浸种5~10分钟，捞出晾干用草木灰拌种，具有补钾、抗旱、抗寒、抗病虫的作用。

稍晾即可催芽。在15~18℃温度条件下暖种催芽每亩10~15千克。

当芽长至1~2厘米时，即可在大田中移栽播种。

4. 播种

播种前3~4天，可将发芽的种块放在阳光下晾晒，薯芽变绿并略带紫色即可播种，注意温度应保持在10~15℃，使芽粗壮，提高抗逆性。春播马铃薯应适时早播，一般来说，应当以当地终霜日期为界，并向前推30~40天为适宜播种期。播种时行距30厘米，株距30~33厘米，窝深10厘米，马铃薯芽眼朝下，然后覆土3厘米左右。栽植4 500~5 000株/亩。播前土壤墒情不足，应在播前造底墒，或于播种后浇水。

5. 田间管理

小苗出土后引苗露出地膜上，苗四周培土似露非露，严防烧苗、毁苗的损伤，也有利于保墒增温。苗期结合浇水施提苗肥，每亩施尿素 15~20 千克，浇水后及时中耕，中耕一般结合培土，可防止"露头青"，提高薯块质量。发棵期控制浇水，土壤不旱不浇，只进行中耕保墒，植株将封垄时进行大培土。培土时应注意不要埋没主茎的功能叶。结薯期土壤应保持湿润，尤其是开花前后，防止土壤干旱。在马铃薯始花期到盛花期用 5 毫升烯效唑 1 支对水 8 升，用量每亩 30 毫升，均匀喷洒在植株上，可起到增强植株抗性、减轻病害、防止徒长提早成熟和提高产量的作用，一般可增产 10%~15%。追施钾肥以蕾初期效果最佳，每亩施入硫酸钾 10~15 千克，块茎产量提高显著。

6. 收获

大部分茎叶由绿变黄为成熟收获期。收获时要防止烈日暴晒。大面积收获应提前 2~3 天割去地上茎叶，待马铃薯表皮老化即可开挖收获。

第六节　葱蒜类蔬菜无公害栽培技术

一、韭菜

韭菜，又名起阳草、懒人菜。

（一）生物学特性

1. 形态特性

韭菜属于百合科葱属多年生宿根草本植物。它属于须根系，根系浅，在老根基上面易生新根茎，根茎下部着生须根，随着根茎的上移，韭根也在上移，俗称跳根。茎则分为营养茎和花茎，花茎细长，顶端着生薹；营养茎在地下短缩成茎盘，并逐年向地表分蘖，形成分枝。营养茎因贮存营养而肥大，形成葫芦状，称为鳞茎，外面有纤维状鳞片。鳞茎上有叶鞘和叶片，叶扁平状,叶鞘抱合成假茎。花为伞形花序,白色两性花。果为蒴果,种子盾形、黑色,千粒重4.2克。

2. 对环境条件的要求

韭菜生长适温12~24℃,发芽适温15~18℃,超过25℃则生长缓慢,在6℃以下进入冬眠期。要求土壤湿润,空气相对湿度为60%~70%。韭菜是长日照作物,在夏季长日照后才抽薹开花。韭菜喜肥,特别喜氮肥,对土壤适应性强,在土层深厚、疏松、肥沃的土壤上生长良好。

(二) 育苗技术

1. 播种期

一般在土壤化冻后即可播种,北方多在4—5月播种。要用新鲜种子;如果用陈籽,可顶凌播种,以提高发芽率。一般7月定植,苗龄3个月左右。

2. 品种选择与播种量

一般宽叶韭菜,适于露地栽培,或在早春晚秋覆膜生产,宜采用汉中冬韭、雪韭、791、雪青、寒青、嘉兴白根等品种。窄叶韭菜耐寒耐热,不易倒伏,适于冬季温室生产,宜采用铁丝苗等品种。一般每亩播种量4~5千克,可定植3 335~5 336平方米。

3. 种子处理

韭菜多采取干籽直播,为了抢墒出苗,也可浸种催芽。要选用新种子,用30℃水浸泡10小时,搓洗冲净后,用湿布包好放在18℃温度条件下保湿催芽,每6小时用清水投洗1次,经2~3天即可出芽播种。

4. 播种与苗期管理

苗床的床土,可用肥沃的园田土,并在每平方米加入10千克腐熟粗肥和100克尿素,普撒后耙翻20厘米,平整后做畦,轻轻镇压,浇足底水后随即播种。撒播或条播皆可,覆土1厘米厚,然后覆盖塑料膜保湿。一般经3~5天即可出苗,出苗时种子呈弯钩状(拉弓)。为保证出苗,必须使床土又细又潮。一般从齐苗到苗高15厘米时,应勤浇小水催苗,并随水施用化肥,每亩施用尿素15千克。以后,则要防止徒长和倒伏,还要及时锄锒松土和除草。到定植时,要达到壮苗标准。

5. 壮苗标准

一般苗龄80~90天,苗高15~20厘米,单株5~6片叶,植株无病虫害,无倒伏现象。

6. 育苗注意事项

在韭菜育苗过程中,要预防地蛆的为害,可用50%辛硫磷乳油1 000倍液灌根。另外,还要预防草荒和沥涝灾害,雨后要及时排水防涝。

(三) 定植与田间管理

韭菜可以直播,也可以育苗移栽。当气温高于15℃、地温在10℃以上时,即可直播。播种前每亩施腐熟粗肥5 000千克,普撒后耕翻做畦,畦宽1.2米,做畦后按畦浇小水,以泅透畦区为准。待水渗下后,在畦内均匀撒0.5厘米厚的细土,然后即可播种。播种量为每亩4~5千克,播种后盖1厘米左右的细土。为了防治苗期杂草,每亩可用33%二甲戊灵乳油0.15千克喷洒畦表土进行化学除草,最后覆盖保温保湿的遮阳物。一般春播10~15天即可出苗,夏播6~7天出苗。出苗后,畦面仍要保持潮湿,并逐渐撤掉覆盖的遮阳物。其他管理方法,与定植后的管理方法相同。

对于先育苗后移栽定植的韭菜,在气温12~24℃、地温10℃以上时即可进行移栽定植。定植前要先整地施肥,每亩施腐熟的粗肥5 000~8 000千克,普撒后耕翻做畦。畦宽1.2米。然后按20厘米沟距、10厘米穴距,在畦内开沟穴栽(每畦5沟,每穴10株左右)。定植时,将韭菜苗拔出,剪掉须根(只留3厘米长),剪掉叶尖(留叶片10厘米长),栽的深度为3厘米，培土以露出叶鞘即可，稍镇压后顺沟浇水。也可将栽培沟扶平，然后按畦浇水。

定植后，通过浇水保苗，很快转入缓苗期。当新根新叶出现时，即可追肥浇水，每亩随水追施尿素10~15千克。幼苗4叶期，要控水防徒长，并加强中耕除草，预防草荒，在夏季还要防积水沥涝腐烂。立秋以后，则要加强水肥管理，每亩施尿素15~20千克。当长到6叶期开始分蘖时，出现跳根现象（分蘖的根状茎在原根状茎的上部），这时可以进行盖沙压土或扶垄培土，以免根系露出土面。当苗高20厘米时，再追肥浇水，以备收割。

（四）适时收割

一般在韭菜收割前10天地上部分生长加快，割后10天则地下部分生长加快，在地上部分高25厘米左右即可收割。要选晴天的早晨收割，用快刀割留叶鞘基部3~4厘米，割口以黄色为宜，不可伤及根状茎（俗称马蹄），收割后晾晒1~2天，待新叶长出时再培土浇水追肥，以防腐烂。一般每20~25天可收割1茬，每年可收割4~5茬。每亩每次可收割500~1 000千克。

（五）宿根韭菜的管理

1. 宿根韭菜的移栽管理

多采用栽韭菜根的方法，即将地上部分剪掉，再将老根掰去，只留新根进行移栽。

2. 宿根韭菜的越冬管理

在9—10月温度适宜时，韭菜生长较快，应加强水肥管理，这样既可增加产量，又能为根茎积累营养物质。到11月地上部分枯萎，营养贮存于根部，在封冻前必须浇1次封冻水肥，以利于越冬。冬季随着气温下降，可铺沙盖土压粗肥，也可盖塑料膜和稻草，以保持相应温度。

3. 宿根韭菜的春季管理

宿根韭菜越冬后，即在翌年春天，随着气温的上升，要逐渐除掉覆盖物，清除畦面的枯叶杂草，待新芽出土时追肥浇水促生长。在夏季高温多雨季节，必须及时排水防涝，防止郁闭腐烂。要加强通风，将根部的培土扒开，促使植株基部通风。为防止茎叶倒伏，可将韭叶捆成束直立于地面，也可用横向的竹竿将倒伏叶片扶起（每隔1~2米插一竖杆，固定横向的竹竿）。这样，既有利于通风透光，又可减少病虫草害。在夏季秋初时节，要清除韭畦内的枯枝烂叶，对韭根培土，防止倒伏，此后即可转入正常水肥管理。

（六）韭菜生产历程

韭菜生产历程，如表2-10所示。

表2-10 韭菜生产历程

栽培形式	播种期	定植期	采收期
温室韭黄	4月中旬至5月下旬	11月下旬	12月下旬至翌年2月下旬软化
温室青韭	4月中旬至5月上旬	7月中下旬	11月上旬至翌年3月中旬
小棚韭	4月中旬至5月上旬	7月中下旬	11月中旬至翌年3月下旬
露地韭	4月下旬至5月上旬	7月下旬至8月上旬	翌年4月上旬至6月中旬
当年清茬韭	4月中旬至5月上旬	7月中下旬	10月下旬至12月下旬

（七）病虫害防治

1. 韭菜疫病

（1）发病条件。韭菜疫病属于真菌性病害。病菌在病体上越冬，通过植株的表皮直接侵入，借助风雨或育苗传播。在气温25~32℃、湿度较高的阴雨天气，最易发病。

(2) 主要症状。根、茎、叶、花薹等部位均可被害，尤以假茎和鳞茎受害重。叶片及花薹染病，多始于中下部，初呈暗绿色水浸状，长5~50毫米，有时扩展到叶片或花薹的一半，病部失水后明显缢缩，引起叶、薹下垂腐烂，湿度大时，病部产生稀疏白霉。假茎受害呈水浸状浅褐色软腐，叶鞘易脱落，湿度大时，其上也长出白色稀疏霉层，即病原菌的孢子囊梗和孢子囊。鳞茎被害，根盘部呈水浸状，浅褐至暗褐色腐烂，纵切鳞茎内部组织呈浅褐色，影响植株的养分贮存，生长受抑，新生叶片纤弱。根部染病变褐腐烂，根毛明显减少，影响水分吸收，致根寿命大为缩短。

(3) 防治措施。一是选用抗病品种。提倡因地制宜选用早发韭1号、优丰1号韭菜、北京大白根、北京大青苗、汉中冬韭、寿光独根红、山东9-1、山东9-2、嘉兴白根、平顶山791等优良品种，减少发病。二是选好种植韭菜的田块，仔细平整好苗床或养茬地，雨季到来前，修整好田间排涝系统。三是进行轮作换茬，避免连年种植。四是药剂防治。夏季高温多雨季节发现韭菜疫病中心病区时，马上喷洒72%霜脲·锰锌可湿性粉剂700倍液或69%烯酰·锰锌可湿性粉剂600~700倍液或60%锰锌·氟吗啉可湿性粉剂700~900倍液或60%琥铜·乙铝·锌可湿性粉剂500倍液，隔10天左右1次，连续防治2~3次。

2. 韭菜菌核病

(1) 发病条件。韭菜菌核病属于真菌病害。病菌在病残体上或土壤中越冬，有的病菌混杂在种子里，通过植株表皮侵入植株，借助气流、灌水或接触等方式传播。在气温15~20℃、空气相对湿度85%以上时，偏施氮肥的土壤里容易发病。

(2) 主要症状。韭菜菌核病为害叶片、叶鞘和假茎。病叶呈灰褐色软腐状，并有黄白色菌丝，有的病叶干枯。叶鞘染病呈褐色腐烂，生有灰白色菌丝。假茎染病则基部呈灰褐色腐烂，有灰白色菌丝或黄褐色菌核。

（3）防治措施。一是提倡施用酵素菌沤制的堆肥或生物有机复合肥；整修排灌系统，防止植地积水或受涝。二是合理密植，采用配方追肥技术避免偏施、过施氮肥。定期喷施植宝素、喷施宝或增产菌使植株早生快发，可缩短割韭周期，改善株间通透性，减轻受害。三是及时喷药预防。每次割韭后至新株抽生期喷淋50%异菌脲可湿性粉剂1 000倍液或腐霉利可湿性粉剂1 500倍液或50%异菌·福美双可湿性粉剂800倍液或60%多菌灵盐酸盐可溶性粉剂600倍液或40%菌核净可湿性粉剂800倍液，隔7~10天1次，连续防治3~4次。棚室韭菜染病可采用烟雾法或粉尘法，具体方法见黄瓜霜霉病。

3. 韭菜灰霉病

（1）发病条件。韭菜灰霉病属于真菌性病害。病菌在病残体上或土壤中越夏，通过叶片的表皮或伤口侵入，借助于气流、雨水或田间作业传播。在气温15~21℃、空气相对湿度85%以上的条件下，容易发病。

（2）主要症状。韭菜灰霉病为害叶片，分为白点型、干尖型和湿腐型。白点型和干尖型初在叶片正面或背面生白色或浅灰褐色小斑点，由叶尖向下发展。病斑梭形或椭圆形，可互相汇合成斑块，致半叶或全叶枯焦。湿腐型发生在湿度大时，枯叶表面密生灰色至绿色绒毛状霉，伴有霉味。湿腐型叶上不产生白点。干尖型由割茬刀口处向下腐烂，初呈水浸状，后变淡绿色，有褐色轮纹，病斑扩散后多呈半圆形或"V"字形，并可向下延伸2~3厘米，呈黄褐色，表面生灰褐色或灰绿色绒毛状霉。大流行时或韭菜的贮运中，病叶出现湿腐型症状，完全湿软腐烂，其表面产生灰霉。

（3）防治措施。一是选用抗病品种。如黄苗、竹杆青、早发韭1号、优丰1号、中韭2号、克霉1号、791雪韭等。二是清洁田园。韭菜收割后，及时清除病残体，防止病菌蔓延。三是保护地内适时通风降湿是防治该病的关键。通风量要据韭菜生长势确定。刚割过的韭菜或外温低时，通风要小或延迟，严防扫地风。四是培育壮苗,注意养茬。施用有机活性肥,及时追肥、浇水、除草,养好茬。五是加强预防工作。秋季扣膜后浇水前每亩用65%甲硫·乙霉威可湿性粉剂3千克,拌细土30~50千克,均匀撒施预防灰霉病发生。进入花果期是重点防治时期。五是化学防治。应抓住侵染适期,重点保护春季韭菜第二茬的二刀、三刀,割后6~8天发病初期喷撒6.5%甲硫·乙霉威或5%腐霉利粉尘剂、5%异菌脲粉尘剂,每亩每次1千克。此外,也可喷洒65%甲硫·乙霉威可湿性粉剂1 000倍液或25%咪鲜胺乳油1 000倍液或40%嘧霉胺悬浮剂1 200倍液或28%霉威·百菌清可湿性粉剂500倍液或50%异菌·福美双可湿性粉剂800倍液,隔10天左右1次,防治2~3次。

4. 韭蛆(又称迟眼蕈蚊、黄脚蕈蚊)

(1) 为害症状。幼虫聚集在韭菜地下部的鳞茎和柔嫩的茎部为害。初孵幼虫先为害韭菜叶鞘基部和鳞茎的上端。春、秋两季主要为害韭菜的幼茎引起腐烂,使韭叶枯黄而死。夏季幼虫向下活动蛀入鳞茎,重者鳞茎腐烂,整墩韭菜死亡。

(2) 防治措施。一是因地制宜选择优良品种。如北京大白根、北京大青苗、汉中冬韭、寿光独根红、山东9-1、山东9-2、嘉兴白根、平顶山791等。二是有机肥与化肥配合施用。提倡施用酵素菌沤制的堆肥或腐熟好的干鸡粪3 200千克或牛、羊、马等腐熟有机肥4 000千克,于第三茬韭菜采收后及10月下旬至越冬前,每亩施入上述肥料的50%。控制大量施入氮素化肥,每亩追施碳酸氢铵30千克,在第一、第二茬韭菜收割后各追施15千克,采收前15~20天停止追肥。三是药剂防治。抓住成虫羽化盛期喷洒75%灭蝇胺可湿性粉剂5 000倍液或5%氟虫腈悬浮剂1 500倍液或50%辛硫磷乳油1 000倍液,可有效地杀灭成虫,于上午9~10时施药效果最好。四是灌杀幼虫。北京一带4月中下旬至5月上旬,秋季8月下旬至9月上旬田间出现少量黄叶并逐渐向地面倒伏时,马上随水浇灌0.5%藜芦碱醇溶液500倍液或1.1%苦参碱粉剂500倍液或50%辛硫磷乳油800倍液,每亩灌对好的药液 200~300 升。也可用 5%辛硫磷颗粒剂 2 千克，掺些细土撒在韭根处，再覆些土或用 50%辛硫磷乳油 800 倍液与苏云金杆菌乳剂 400 倍液混后灌根，效果更好些，韭菜采收前 10 天，提倡用 0.2%苦参碱水剂 500~1 000 倍液，杀蛹、杀幼虫效果好，持效 10 天，且无公害。灌辛硫磷或使用氟虫腈的，采收前 10 天停止用药。

5. 韭菜潜叶蝇（又称葱斑潜蝇、葱潜叶蝇）

（1）为害症状。寄主葱、洋葱、韭菜。幼虫在叶组织内蛀食成隧道，呈曲线状或乱麻状，影响作物生长。

（2）防治措施。一是秋翻葱地，及时锄草，与非百合科作物轮作，减少虫源。二是保护利用天敌。三是药剂防治。可在成虫盛发期喷洒 50%辛硫磷乳油 1 000~1 500 倍液或 10%灭蝇胺悬浮剂 1 500 倍液或 0.9%阿维菌素乳油 2 500 倍液或 10%吡虫啉乳油 2 500 倍液，使用辛硫磷的韭菜采收前 10 天停药，洋葱、大葱采收前 17 天停止用药。

二、洋葱

洋葱，又称葱头、圆葱。

（一）生物学特性

1. 形态特征

洋葱属于百合科葱属，是具有特殊辛辣味的一种蔬菜。它根系浅，生长慢，茎短缩，在营养生长期可形成扁圆的茎盘，茎盘上抽生筒状花薹，花薹呈中空状，在总苞中逐渐形成气生鳞茎。洋葱叶呈筒状中空，叶稍弯曲并有蜡粉，叶鞘基部互相抱合形成假茎，后来逐渐变得肥大而形成肥厚的肉质鳞状茎。每个鳞茎可以抽生 2~4 个花薹，薹的顶端形成伞形花序。种子小，呈粒状，盾形，千粒重 3~4 克。

2. 对环境条件的要求

洋葱较耐旱，适应性强。对湿度要求较低，生长适应温度为 5~26℃，生长适宜温度为 20℃ 左右，幼苗生长适温为 12~20℃。对水分条件要求不严，比较耐旱，要求空气相对湿度为 60%~70%。要求土壤比较干旱，只有在鳞茎膨大期需要保持土壤湿润。洋葱的光照与品种有很大关系，一般南方品种属于短日照，日照在 12 小时以下，有利于鳞茎的形成；北方品种属于长日照，日照在 15 小时以上，才有利于鳞茎的形成。早熟品种多属于短日照，中晚熟品种多属于长日照。对光照强度，要求中光照。洋葱为喜肥作物，尤其需要较多的磷、钾肥。按每亩 3 000 千克产量计算，需氮 14.3 千克、磷 11.3 千克、钾 15 千克。在幼苗期，应以氮为主；鳞茎膨大期，需施磷、钾肥。洋葱对土壤要求较严，喜疏松肥沃、保水力强的中性土壤。

（二）育苗技术

1. 播种期

洋葱一般用种子繁殖。我国北方对洋葱实行秋播冬贮、春栽夏收的生产流程：秋播一般在 8 月中下旬开始播种，11 月上中旬使其苗龄达到 60~70 天，这时进行假植。在翌年 3 月，即可进行顶凌定植。在保护地，多在冬前 11 月育苗。

2. 品种和播种量

白皮洋葱多为早熟品种，黄皮洋葱多为中早熟品种，红皮洋葱多为中晚熟品种。我国北方应选早熟或中早熟品种，如荸荠扁、黄皮葱头和北京农家的紫皮葱头等。一般每亩播种量为 4~5 千克，每亩秧苗可移栽 6 670 平方米生产田。

3. 种子催芽和播种

先将种子用清水浸泡 5 分钟，再用 45~50℃ 水搅拌浸种 20 分钟出后在 30℃ 水中浸泡 3~5 小时，用清水淘洗干净后即可在 25℃ 条件下保湿催芽。当 60% 的种子露白时，即可播种。

播种前先配制床土。一般的比例是：用 5 份肥沃园田土、4 份充分腐熟马粪和 1 份过筛的细沙或炉渣，每立方米床土再加入尿素 5 千克、过磷酸钙 10 千克，均匀混合后，在床面上平铺

5厘米厚，或装入营养钵备用。

在气温20℃左右时即可播种。播种时先浇足底水，再覆盖一层细干土，然后播种。在床土上进行撒播，株距1厘米即可，播后覆盖0.5~0.8厘米厚细土，然后盖塑料膜保温保湿。也可采用干籽播种，其方法是：先播种，覆土后稍镇压再浇水，然后覆膜保温保湿。播种后直至出苗前都要保温保湿，如果土壤较干，要喷水。出苗后，则要中耕松土，促使根部生长，并控温在18~20℃，以保证冬前达到壮苗标准。

4. 壮苗标准

冬前苗龄在70天左右（春播春栽的洋葱苗龄60天左右），株高15~20厘米，茎基部粗0.6~0.8厘米，有3~4片真叶，秧苗根系较多，植株无病虫害。

5. 育苗注意事项

出苗后，若苗床干旱，则茎较粗，而叶片较小，叶色墨绿，呈短缩苗状，这时应适当浇小水。

温度高而且湿度又较大时，则叶片徒长，叶鞘长而间距大，叶片细长下垂，这时应适当降湿降温。

播种太早或秧苗过大，则易早抽薹，因而应适时播种，冬前达到壮苗标准，以预防早期抽薹。

对于秋播春栽的洋葱苗，冬季要做好囤苗假植工作。在土壤封冻前起苗，每百株捆一把，在地势较高的地里挖20厘米深的浅沟（长宽不限），将秧苗密集假植在沟内，然后分次覆土。一般假植后3~5天即封冻最好。为了防止地面裂缝透风受冻，可以随时覆细土弥缝，以保护幼苗不受冻为准。

（三）适时定植

洋葱根系浅，生长期需要的肥料多，所以在整地前需要多施基肥，一般每亩施用腐熟优质粗肥800千克、过磷酸钙50千克，普撒后耕翻20厘米，然后做宽畦，畦宽1.2米，长6米，畦面覆地膜烤地。春季在土壤化冻时，就可及时定植，定植的株行距以15厘米×20厘米为宜。或者每畦5行开沟定植，株距15厘米。定植时适当浅栽，覆土后以埋住小鳞茎为度。覆土后稍加镇压，然后再按畦浇水。浇水时要缓慢，不可冲倒秧苗，更不可漂秧。

（四）定植后的田间管理

定植后，要采取保温保湿措施，也可扣小拱棚保温，保持温度为18~20℃，一般经4天即可缓苗。缓苗后，应适当通风降温降湿，促使根系生长，并要进行中耕松土，以提高地温。缓苗后1周左右，开始浇水追肥，应少施氮肥，多施磷、钾肥，一般每亩随水施尿素10千克，施磷、钾肥20千克，以促茎叶生长强壮。当地上叶片生长显著减慢时，地下的小鳞茎则迅速增长，当鳞茎3厘米左右时，应再次追肥浇水，每亩随水追施尿素15千克、复合肥10千克。一般每2周追肥1次，并且要一直保持土壤湿润。洋葱一般露地越夏，所以在下雨后要及时排除积水，热雨过后必须用井水漂园。

（五）适时采收

洋葱鳞茎膨大期，地上叶片开始停长，到夏季高温前，洋葱外层2~3叶片开始枯黄，假茎逐渐失水变软并开始倒伏，这时鳞茎停止膨大，其外层鳞片也逐渐革质化，正是洋葱的收获期。为了使洋葱收获后便于贮运，应在收获前1周停止浇水。有时为了提前腾地倒茬，在地上假茎刚变软时，可人为地将假茎踩扁使其倒伏在地，促使提前进入采收期。收获时应在晴天连根拔起，充分晾晒，而后再进行贮藏。

（六）栽培管理中应注意的事项

1. 预防洋葱早期抽薹

洋葱早期抽薹，除了小葱头的品种原因，还因春播过早或秋播过晚而遇到低温，同时，定植后很快通过春化也容易抽薹。另外，洋葱属于绿体型通过春化阶段的蔬菜，一般在幼苗期的假茎0.6~0.9厘米，9℃以下低温时间太长，也容易通过春化抽薹开花。所以，针对上述情况，在生产上设法预防，就可防止洋葱早期抽薹。

2. 洋葱不长葱头的原因

土壤温度太低，不利于营养生长；另外，肥水过大，又遇秋后的冷湿环境，使叶片枯黄，而不长葱头，或者使葱头营养积累太少，而只长叶片，不长葱头。

（七）病虫害防治

1. 洋葱锈病

这是在低温缺肥情况下发生的真菌病害。发病的叶片与假茎有椭圆形浅黄色凸斑，后期表皮破裂散发出黄色褐色粉末。防治措施是：加强田间管理，预防低温缺肥。发病初期，可喷施15%三唑酮可湿性粉剂2 000倍液，或喷施70%代森锰锌可湿性粉剂1 000倍液。

2. 洋葱软腐病

洋葱软腐病属于细菌性病害。病叶下部有乳白色斑点，叶鞘基部软化腐烂，鳞茎呈水渍状腐烂并有臭味。防治措施是：在田间管理方面，要预防高温高湿；在发病初期，可喷72%硫酸链霉素可溶性粉剂2 000倍液。

3. 洋葱黄矮病

这是由病毒引起的传染病，在高温干旱条件下通过蚜虫传播。病叶呈扭曲状变细并有波纹，叶尖黄，有黄绿斑。防治措施是：加强田间管理，预防高温干旱，及时防治蚜虫。为了提高植株的抗病性，可进行叶面喷肥。在发病初期，应喷施20%吗胍·乙酸铜可湿性粉剂500倍液，每亩用药液40千克。

4. 洋葱的虫害

洋葱的害虫，主要是蚜虫。防治措施是：预防高温干旱；在栽培畦内挂银灰色塑料膜驱蚜，也可用黄色机油板诱杀，或喷施乐果乳油防治。

三、大蒜

大蒜别名蒜、胡蒜。属百合科葱中以鳞芽构成鳞茎的栽培种，一二年生蔬菜。以其蒜头、蒜薹、蒜黄、嫩叶（青蒜或称蒜苗）为主要产品供食用。

（一）形态特征

1. 根

弦线状须根系，着生于短缩茎基部，有初生根、次生根和不定根之分。由种瓣背腹面基部，先形成根原基，其凸起伸长形成的根为实生根；在其腹面基部"茎盘"的外围陆续长出的根为次生根；而在烂母期前后长出的第二批新根则称为不定根。属浅根性作物，根群在种瓣的外侧多，内侧较少，主要根群集中于5~25厘米的土层内，横展直径约30厘米。根毛极少，吸收力弱，具有喜湿、耐肥、怕旱的特点。

2. 茎

大蒜植株的茎为地下茎，营养生长期茎短缩呈不规则盘状，称为茎盘。茎盘基部和边缘生根，其上部长叶和芽的原始体，顶芽则位于茎盘上端中部，被层层叶鞘包围。茎盘承托假茎、蒜薹和蒜头，并起输导作用。生殖生长期顶芽分化为花芽，以后抽生成花薹即蒜薹。同时内部叶鞘的基部开始形成侧芽，逐渐发育成鳞芽。

3. 叶

叶由叶片及叶鞘组成。叶片扁平披针形、绿色，叶表有蜡粉，可减少叶面蒸发，耐旱。叶较直立，叶面积小。叶鞘圆筒状，环绕茎盘而生，多层叶鞘套合着生于短缩茎盘上，形成假茎。互生，对称排列，着生方向与蒜瓣的背腹连线垂直。叶数因品种不同而异，叶数越多，假茎越粗。鳞茎膨大时，叶片营养运储于鳞芽中，鳞茎成熟时，外层叶鞘基部的营养物质转运到蒜瓣，叶片逐渐干枯，而后干缩成膜状包被着鳞茎，具有保护作用。

4. 花茎和气生鳞茎

大蒜花茎即蒜薹，一般长60~70厘米，圆柱形，实心，在花茎顶端着生总苞，包裹着花序，总苞内着生多个气生鳞茎和发育不完全的紫色小花，无种子，花与鳞茎一般混生，当小鳞茎的生长抑制了花的发育时，花器则中途凋萎，气生鳞茎可播种繁殖。

5. 鳞茎

即蒜头，包括鳞芽、叶鞘和短缩茎三部分，是鳞芽的集合体，也是大蒜的主要器官。鳞茎的形状因品种不同，而有圆、扁圆或圆锥形等。鳞芽多近似半月形，紫皮蒜种多较短，白皮蒜种较长，独头蒜形如圆球，其结构与一般鳞芽相同。

(二) 对环境条件的要求

1. 温度

大蒜喜冷凉气候，其生长适宜温度为12~25℃。大蒜通过休眠后，蒜瓣在3~5℃就可萌芽，12℃以上发芽迅速加快，22℃左右为发芽最适温度。幼苗生长的适宜温度为14~20℃，蒜薹伸长和鳞茎膨大期的适宜温度为15~20℃，生长后期的适温为25℃左右。当气温超过26℃植株生长缓慢，叶子发黄，地上部逐渐干枯，鳞茎停止发育进入休眠期。大蒜属绿体春化型，一般蒜萌动到幼苗期，如遇0~4℃的低温，经过30~40天即通过春化阶段。

2. 光照

大蒜抽薹和鳞茎的形成都需要长日照的诱导，这个长光照的临界长度则因品种而异。大蒜的低纬度类型，对低温要求低，短日照下（8~10小时）也能随着温度的升高而形成鳞茎，早熟；高纬度类型，要求在一定时间的低温（5℃下3个月）和长日照（大于14小时）才能形成鳞茎，中晚熟。因此，大蒜应注意不同纬度间相互引种时鳞茎的形成对光周期的要求。光照时数不足，则只长蒜叶而不能抽薹和形成鳞茎。

3. 水分

大蒜叶片属耐旱生态型，但根系浅，吸收水分能力弱，因而喜湿怕旱，对土壤水分要求较高。萌发期要求土壤湿度较高，以利于发根萌芽；幼苗前期土壤湿度不宜过大，防止种瓣湿烂；退母期要提高土壤湿度，防止土壤过干，促进植株生长，减少"黄尖"；蒜薹伸长期和鳞茎膨大期是大蒜生长旺盛期，是大蒜需水最多的阶段，要经常保持土壤湿润；在鳞茎接近采收时，应控制浇水，降低土壤湿度，以促进鳞茎成熟和提高耐藏性，以免湿度过大，使叶鞘基部腐烂散瓣，蒜皮变黑，从而降低品质。

4. 土壤营养

大蒜对土壤适应性广，但根系弱小，以土层深厚、疏松、排水良好、微酸性、富含腐植质的壤土为宜，土壤瘠薄、有机质少、碱性大、早春返碱的地块不宜栽培大蒜。最适土壤酸度为pH值5.5~6.0，过酸根端变粗，停止或延长生长，过碱则种瓣易烂，小头和独瓣蒜增多，降低产量。

（三）栽培技术

1. 栽培季节与茬口安排

适宜的栽培季节确定，是获得蒜薹和蒜头双丰收的重要措施，栽培季节要根据大蒜不同生育期对外界条件的要求以及各地区的气候条件来定。

大蒜可春播或秋播，在北纬38°以北地区，冬季严寒，幼苗露地越冬困难宜春播；北纬35°~38°地区，可根据当地气温及覆盖栽培与否，确定春播还是秋播。一般在冬季月平均温度低于-5°的地区，以春播为主。春播宜早，一般在日平均温度达3~6℃时，土壤表层解冻，可以操作，即应播种。

秋季播种大蒜，幼苗有较长的生长期。与春播大蒜相比，秋播延长了幼苗生育期，蒜头和蒜薹产量都较高。因此，凡幼苗能露地安全越冬的地区和品种，都应进行秋播。在秋播地区，适宜播种的日均温度为20～22℃，应使幼苗在越冬前长有4～5片叶时，以利幼苗安全越冬。一般华北地区的播种期在9月中下旬，秋播不可过早，否则植株易衰老，蒜头开始肥大后不久，植株枯黄，产量下降；亦不可过迟，否则蒜苗生长期短，冬前幼苗小，抗寒力弱，不能安全越冬，而且由于生长期短，影响蒜头产量。

大蒜忌与葱、韭菜等百合科作物连作，应与非葱蒜类蔬菜轮作3～4年。春播大蒜多以白菜、秋番茄和黄瓜等蔬菜为前茬，冬季休闲后播种。秋播大蒜，以豆类、瓜类、茄果类、马铃薯、玉米和水稻等作物为前茬。

2. 品种选择

大蒜多选用薹、蒜两用品种，根据各地的生态条件，选择适宜的生态型品种，宜选用抗病虫、高产、优质、耐热、抗寒的品种。

3. 整地施肥

大蒜的根吸水肥能力较弱，故要选择土壤疏松、排水良好、有机质含量丰富的田块，要求精细整地，深耕细耙，施足底肥、整平畦面。秋播地一般深耕15～20厘米，结合深耕施腐熟、细碎的有机肥，并配施磷、钾肥后，及时翻耕，耙平作畦，畦宽1.3～1.7米，畦长以能均匀灌水为度，挖好排水沟。在整地作畦时，地表面一定要土细平整、松软，不能有大土块和坑洼。

4. 选种及种瓣处理

大蒜属无性繁殖蔬菜，其播种材料是蒜瓣。播种前选种是取得优质、高产的重要环节之一。播前进行选头选瓣，应选择蒜头圆整、蒜瓣肥大、色泽洁白，顶芽肥壮，无病斑，无伤口的蒜瓣作种。种蒜大小对产量影响很大，大瓣种蒜储藏养分多，发根多，根系粗壮且幼芽粗，鳞芽分化早，生产出的新蒜头大瓣比例高，蒜头重，蒜薹、蒜头产量高，种蒜效益也可以提高。但种瓣并不是越大越好，选瓣时应按大（5克以上）、中（4克）、小（3克以下）分级，分畦播种，分别管理，应选用大、中瓣作为蒜薹和蒜头的播种材料，过小的不用。选瓣时去除蒜蹲（即干缩茎盘）。

5. 播种

大蒜株形直立，叶面积小，适于密植。蒜薹和蒜头的产量是由每亩株数、单株蒜瓣数和薹重、瓣重三者构成的，合理的播种密度是大蒜优质高产的关键。密度的大小与品种特点、种瓣大小、播期早晚、壤肥力、肥水条件及栽培目的等多种因素有关。在一定密度范围内，加大密度可提高单位面积蒜头、蒜薹的产量，超过一定密度范围后，随着密度的增加，蒜头会减小，小蒜瓣比例增多，蒜薹变细，商品质量下降。

大蒜播种的最适时期是使植株在越冬前长到5~6片叶。此时植株抗寒力最强，在严寒冬季不致被冻死，并为植株顺利通过春化打下良好基础。大蒜播种方法有两种：一种是插种，即将种瓣插入土中，播后覆土，踏实；另一种是开沟播种，即用锄头开一浅沟，将种瓣点播土中。开好一条沟后，同时开出的土覆在前一行种瓣上。播后覆土厚度2厘米左右，用脚轻度踏实，浇透水。播种密度行距20~23厘米，株距10~12厘米。沟的深度以3~5厘米为宜，不能过深或过浅。

大蒜播种深浅与覆土的厚薄和植株生长发育、蒜头产量有密切关系，一般深2~3厘米。播种过深，出苗迟，假茎过长，根系吸水肥多，生长过旺，蒜头形成受到土壤挤压难于膨大；播种过浅，种瓣覆土浅，出苗时容易"跳瓣"，幼苗期容易根际缺水，根系发育差，越冬时易受冻死亡，而且蒜头容易露出地面，受到阳光照射，蒜皮容易粗糙，组织变硬、颜色变绿，降低蒜头的品质。

6. 田间管理

大蒜播种后的田间管理，要以不同生育期而定。

春播大蒜萌芽期,若土壤湿润,一般不浇水,以免降低地温和土壤板结,影响出苗。秋播大蒜根据墒情决定浇水与否,若墒情不好,播后可浇1次透水,土壤板结前再浇一次小水促出苗,然后中耕疏松表土。

春播大蒜出苗后要少灌水,以中耕、保墒提高地温为主,一般于"退母"前开始灌水追肥。秋播大蒜出苗后冬前控水,以中耕为主,促进扎根。4~5片叶时结合浇水追施尿素。封冻前适时浇冻水,北方寒冷地区还需要盖草防冻,保证幼苗安全越冬。立春后,当气温稳定在1~2℃以上时要及时逐渐清除覆草,然后浅中耕,浇返青水并追肥,每次浇水后及时中耕保墒。

蒜薹伸长期是大蒜植株旺盛生长期,也是水肥管理的主要时期,应保持土壤湿润,当基部的1~4片叶开始出现黄尖时及时浇1次水,并适当追肥,使植株及时得到营养补给,促进蒜薹和鳞芽的生长。一般4~5天灌水1次,保持地面湿润。于"露苞"时结合灌水追肥1次,大水大肥促薹、促芽、催秧,使假茎上下粗度一致,采薹前3~4天停止浇水,以免脆嫩断薹。

采薹后大蒜叶的生长基本停止,其功能持续2周后开始枯黄脱落,根系也逐渐失去吸收功能,要及时补充土壤水分,并追施1次催头肥,延长叶、根寿命,防止植株早衰,促进鳞茎充分膨大。以后每隔3~5天浇1次水,收蒜头前1周停水,以防湿度过大造成散瓣,同时有利于起蒜,提高蒜头的耐储性。

(四)采收

1. 采收蒜薹

一般蒜薹抽出叶鞘,并开始甩弯时,是采收蒜薹的适宜时期,一般从甩尾到采薹约15天,最迟应在总苞变白时采收。采收蒜薹早晚对蒜薹产量和品质有很大影响。采薹过早,产量不高,易折断,商品性差;采薹过晚,虽然可提高产量,但消耗过多养分,影响蒜头生长发育,而且蒜薹组织老化,纤维增多。采薹最宜在晴天的中午或下午,此时植株水分减少,叶鞘较松软,叶鞘与蒜薹容易分离,并且叶片有韧性,不易折断,可减少伤叶。采薹方法有提薹、夹薹和划破叶鞘取薹的办法。

2. 收蒜头

在蒜薹采收后20~30天即可开始采收。适期收蒜头的标志是:叶片枯黄,上部叶片褪色成灰绿色,叶尖干枯下垂,假茎处于柔软状态,为蒜头收获适期。收藏过早,蒜头嫩而水分多,叶中养分尚未完全转移到鳞芽,组织不充实,不饱满,储藏后易干瘪;收藏过晚,蒜头容易散头,拔蒜时蒜瓣易散落,失去商品价值。收藏蒜头时,硬地应用锨挖,软地直接用手拔出。收蒜时,用蒜叉挖松蒜头周围的土壤,将蒜头提起抖净泥土后就地晾晒,后一排的蒜叶搭在前一排的头上,只晒秧,不晒头,忌阳光直射蒜头,防止蒜头灼伤或变绿。经常翻动2~3天后,当假茎变软后编成蒜辫在通风、遮雨的凉棚中挂藏。

第七节 豆类蔬菜无公害栽培技术

一、菜豆

菜豆,又称豆角、芸豆、四季豆、玉豆。

(一) 生物学特性

1. 形态特征

菜豆属于豆科菜豆属1年生缠绕性草本植物。它根系发达,主根和多级侧根形成根群,根系易木栓化,侧根的再生力弱,根上有根瘤可起固氮作用。茎有蔓生缠绕和矮生直立两种,分枝力弱,茎基部的节上可抽生短侧枝。叶片为绿色椭圆或心脏形复叶,着生在茎节处。花为蝶形,由茎节的花芽发育而成,花有白、红、黄、紫等颜色,每个花序有3~7朵花。果为白色、淡绿色或绿色,成熟后易扭曲开裂。种子为肾脏形,有黑、白、茶色或花色之分,千粒重300~600克。

2. 对环境条件的要求

菜豆喜温暖潮湿的环境。不同的生育阶段要求的温度不同,适应温度范围为 10~35℃，适宜温度为 18~25℃，土壤的临界温度为 13℃。菜豆喜湿润，但不耐涝，也不耐旱，适宜的土壤湿度为 80% 左右。菜豆为喜光植物，不同菜豆品种对日照长短的要求不同，有短日照型、中日照型和长日照型之分，多数为中日照型。菜豆喜磷、钾肥，同时要配施氮肥和适量的硼、铜微肥。对氮肥喜硝态氮，用铵态氮易影响生育。菜豆要求土层深厚，富含有机质，排水良好的壤土为好，土壤的酸碱度以氢离子浓度 100~630 纳摩/升（pH 值 6.2~7.0）为好。

（二）育苗技术

1. 播种和育苗期

菜豆是对温、光要求严格的作物，而且根系再生能力差，所以必须采用营养钵、纸袋或营养土方育苗，如在露地或棚室内育苗则宜选用蔓生性品种。生产上多采用直播法，一般用小苗定植，苗龄不可超过 20 天。在春季保护地栽培，多在 2—3 月育苗，3 月即可定植。一般 7—8 月育苗，8 月定植，苗期正值气温偏高时期，所以应采取遮阳防雨措施。

2. 品种和播种量

菜豆对温、光要求较严。在品种选择方面，分为架豆和矮芸豆。春播架豆品种有绿龙、大扁荚、83-B 和特选 2 号等，夏、秋还可播种丰收 1 号。矮生芸豆品种有供给者、优胜者、冀芸 2 号、冀研 48 号等。架豆每亩播种量为 5~6 千克，矮生豆每亩播种量为 12 千克。

3. 播种与苗期管理

对床土要求较宽，在肥沃园田土的基础上适当加些草木灰即可。床土最好装在营养钵内。播前浇足底水，撒一层细潮土，然后播种干种子。每个营养钵内播 3 粒种子，最少播 2 粒。播后覆潮湿细土 1 厘米左右，接着盖塑料膜保温保湿。如果在露地直播，播种时每亩要施用敌百虫 1 千克，以防治地下害虫。然后控制气温在 20℃ 左右，保持床土潮湿，一般播后经 7~8 天即可出苗。出苗后,即可揭去塑料膜,以利于降温降湿。气温控制在18~20℃,以床土潮湿为宜。

4. 壮苗标准

壮苗的苗龄为15~20天,植株高5~8厘米,有1~2片真叶时,就可定植。如果是大龄苗,则应采取良好的护根措施。

5. 育苗注意事项

育苗温度过高,则叶片呈阔圆形;若温度过低,则叶片呈柳叶状;若夜温高,光照弱,则秧苗下胚轴变长。

(三)适时定植或定苗

在生产上菜豆多采用直接穴播法,而且很少间苗。如腾茬较晚,或因气候条件暂不适宜露地播种时,则应事先育苗,并实行小苗定植移栽。

定植前先施肥整地,每亩施腐熟粗肥3 000千克、过磷酸钙80千克,普撒后耕翻25~30厘米,然后做成1.2米宽的大畦。在冬、春季节,应提前1周覆盖地膜烤地,当地温稳定在15℃以上时才可定植。种植甩蔓的架豆,采取每畦双行、小行距50厘米、穴距30厘米进行定植。种植无蔓的矮生菜豆,采取每畦3行、穴距35厘米进行定植。栽苗后稍加镇压,然后按畦浇水,以水能洇透营养土块为度。栽后为了保温保湿,可支小拱棚,保持气温在20℃左右和土壤潮湿,一般经3~4天即可缓苗。

(四)定植定苗后的田间管理

定植后,秧苗长到3~4片真叶时,可结合浇水每亩施尿素15千克,促使茎叶生长。同时,对于蔓生架豆,应插人字架并绑架,以备秧蔓盘绕上架。此后,则暂不浇水,直至第一花序的幼荚长至3~5厘米长时,再进行浇水。俗称"浇荚不浇花",花期一般不浇水,否则易引起落花落荚。

结荚后开始浇水,并要始终保持土壤湿润,每半月左右追施1次尿素(每亩施用10千克)。同时,也可追施叶面肥,一般用0.5%的磷酸二氢钾或0.4%尿素水喷施。

结荚后期，植株进入衰老时期，要及时摘掉植株下部的病、老、黄、残叶片，以改善通风透光条件。同时，可继续加强水肥管理和叶面喷肥，以促使侧枝生长和潜伏芽发育成结果枝。

在整个田间管理过程中，畦内不可积水，夏天热雨过后要涝浇园，土壤能保持湿润即可。在棚室内栽培的架豆，为不影响光照，应采取吊蔓方法，而且当蔓爬近屋顶时，应及时落秧或打尖。

（五）适时采收

一般蔓生菜豆播种后65~75天，即可开始采收，并可连续采收1~3个月。矮生无蔓菜豆播种后60天左右就可采收，采收期1个月左右。一般从开花到采收需15天左右，在结荚盛期，每1~2天就可采收1次。采收时，应采大留小，不可损伤茎蔓。要趁豆荚充分长大，而荚壁仍处于幼嫩状态时采收。采摘应在无露水时进行。矮生种每亩可产1 000千克左右，蔓生种每亩可产1 500~2 000千克。

（六）菜豆生产历程

菜豆生产历程，如表2-11所示。

表2-11 菜豆生产历程

栽培形式	播种期	定植期	采收期
温室秋冬茬	10月下旬至11月上旬		翌年2月上旬至5月上旬
温室冬春茬	1月中旬至2月上旬	3月中下旬	5月上旬至7月中旬
春棚	2月下旬至3月上旬	3月下旬至4月上旬	5月下旬至7月中旬
春露地	4月上旬至4月下旬		6月中旬至7月下旬

(续表)

栽培形式	播种期	定植期	采收期
早夏栽培	5月中下旬		7月中旬至9月上旬
夏播架豆	6月下旬至7月上旬		8月中旬至10月下旬
秋大棚	7月下旬至8月上旬		9月中旬至10月下旬

（七）病虫害防治

1. 菜豆炭疽病

（1）发病条件。菜豆炭疽病属于真菌性病害。病菌在种子或病残体上越冬，通过伤口或茎叶表皮直接侵入植株，如果种子带菌则直接产生病体，借助雨水、田间作业及育苗进行传播。在气温16~23℃、空气相对湿度98%的条件下，易发此病。

（2）主要症状。菜豆炭疽病可为害叶片、茎、荚和种子。病叶的叶脉有红褐色条斑，后期变成黑色网状斑。茎和叶柄染病有褐色凹陷龟裂斑，后期变成黑褐色长条斑。豆荚染病有黑色圆形凹陷斑，潮湿时有粉红色物质。种子染病则有黄褐色或褐色凹陷斑。

（3）防治措施。一是实行2年以上菜田轮作。二是选用抗病品种。三是对种子进行消毒，用种子重量0.4%的50%多菌灵可湿性粉剂拌种，或者用60%多菌灵盐酸盐超微粉600倍液浸种30分钟。四是药剂防治。在保护地用45%百菌清烟剂熏治（每亩用250克）；喷施75%百菌清可湿性粉剂800倍液，或50%甲基硫菌灵可湿性粉剂800倍液。

2. 菜豆根腐病

（1）发病条件。菜豆根腐病属于真菌性病害。病菌在病残体上或土壤中越冬，通过伤口或表皮侵入植株，借助雨水、灌溉或田间作业进行传播。当气温在28~30℃条件下，土壤含水量大的黏质土地易发此病。

（2）主要症状。菜豆根腐病为害茎和根。病茎的基部有黑褐色斑点，维管束变褐，潮湿时生有粉红色雾状物，后期逐渐腐烂坏死。根部染病则有黑色斑点，维管束呈褐色，逐渐腐烂。同时，受根染病的影响，地上部分的茎、叶萎蔫枯死。

（3）防治措施。一是实行 2 年以上菜田轮作。二是对种子和土壤进行消毒。三是加强田间管理，预防高温高湿。四是喷施 50%多菌灵可湿性粉剂 1 000 倍液。

3. 菜豆枯萎病（又称萎蔫病或死秧）

（1）发病条件。菜豆枯萎病属于真菌性病害。病菌在病残体或土壤中越冬，通过伤口或根毛直接侵入植株，如果种子带菌则直接产生病株，借助雨水或田间作业进行传播。在气温 24~28℃、空气相对湿度为 80%以上时，低洼地块发病严重。

（2）主要症状。菜豆枯萎病可为害叶片、茎、荚和根。病叶黄化，叶脉变褐，叶片易干枯脱落。病茎的维管束呈黄褐色。根部染病，使根系变褐腐烂，根毛脱落。豆荚染病，则背部的腹缝合线呈黄褐色。

（3）防治措施。一是实行 3 年以上菜田轮作。二是选用抗病品种。三是对土壤进行消毒，用 50%多菌灵可湿性粉剂 500 倍液，加 250 倍液的 10%双效灵水剂和 400 倍液的 50%琥胶肥酸铜可湿性粉剂浇灌播种床。四是对种子进行消毒，用种子重量 0.4%的 50%多菌灵可湿性粉剂拌种。五是加强田间管理，预防高温高湿。六是喷施 50%腐霉利可湿性粉剂 1 500 倍液，或用 75%百菌清可湿性粉剂 600 倍液喷雾。

4. 菜豆锈病

（1）发病条件。菜豆锈病属于真菌性病害。病菌在病残体上越冬，通过叶片上的水滴侵入植株，可借助风雨或灌溉进行传播。在气温为 20℃左右、空气相对湿度 85%以上的高湿结露条件下，易发此病。

（2）主要症状。菜豆锈病可为害叶片、茎蔓和豆荚。病叶上有黄绿色突起斑，逐渐变黄，表皮破裂后散出粉红色物质，后期还可出现黑色疮斑，有的叶片两面有白色突起，严重时叶片枯死。茎蔓染病有黄绿斑，表皮破裂后散发红粉，后期还可出现黑色疮斑。豆荚染病则表皮有黄绿色突起斑，破裂后散出褐色粉状物。

（3）防治措施。一是选用抗病品种。二是加强田间管理，预防高湿。三是喷施15%三唑酮可湿性粉剂2 000倍液，或者喷施70%代森锰锌可湿性粉剂1 000倍液。

5. 菜豆细菌性疫病（又称火烧病或叶烧病）

（1）发病条件。菜豆细菌性疫病属于细菌性病害。病菌在种子上越冬，通过植体的伤口或表皮气孔侵入，借助于风雨或田间作业进行传播。当气温24~32℃、空气相对湿度95%以上，有雾露天气时最易发病。

（2）主要症状。菜豆细菌性疫病可为害叶片、茎蔓和豆荚。病叶的叶尖或叶缘有暗绿色油渍斑，潮湿时病斑可溢出菌脓，逐渐变成褐色薄膜状病斑，最后整个叶片扭曲枯萎并变为黑色。茎蔓染病有褐色凹陷条斑，潮湿时有菌脓溢出，使病茎以上的植株枯萎。豆荚染病有暗绿色油渍斑，逐渐变成褐色圆形凹陷斑，豆荚皱缩，并进一步侵染种子，使种皮皱缩，有黑色凹陷斑，潮湿时种脐处有菌脓。

（3）防治措施。一是实行菜田轮作。二是加强种子检疫。三是对种子进行消毒，用45℃水浸种10分钟，或用种子重量0.3%的50%福美双可湿性粉剂拌种。四是加强田间管理，防止高温高湿。五是喷施72%硫酸链霉素可溶性粉剂4 000倍液，或者喷施1%硫酸链霉素·土霉素可溶性粉剂4 000倍液。

6. 菜豆虫害

菜豆害虫，主要有潜叶蝇和根蛆。防治潜叶蝇，可喷施1.8%阿维菌素乳油2 000倍液；防治根蛆，可用90%晶体敌百虫1 000倍液灌根。每穴用药液250克。

二、荷兰豆

荷兰豆，又称软荚豌豆，是嫩荚可食的一种豌豆，也称菜豌豆，或称小青豆。

（一）生物学特性

1. 形态特征

荷兰豆属于豆科豌豆属1年生或2年生攀缘性草本植物。荷兰豆根系比较发达，根瘤较多。茎有直立（矮生）、半直立和蔓生3种类型。直立型茎高0.5~0.8米，茎圆形、中空、绿色，被覆少量白粉，栽培时可不立支架，食荚豌豆多栽培这种类型。直立荷兰豆的叶片呈绿色羽状复叶，小叶片呈楠圆形，顶叶变为卷须，茎节上有较大的托叶；花为总状花序，着生在叶腋间，开白色或紫色小花，属于自花授粉作物；荚果长而扁，深绿色，嫩脆清香；种子粒小而圆，绿粒或黄绿居多，也有黄粒和花粒种子，种子发芽时不露出地面，属于下位发芽，种子百粒重20~25克。

2. 对环境条件的要求

荷兰豆喜温和气候，较耐低温，种子在2~5℃时开始发芽，在15~18℃条件下生长较快，在高温下不易发芽，生育期适温15~20℃，超过25℃时对开花不利。对水分要求不严，保持土壤潮湿最好，土壤见湿见干都可正常生长。荷兰豆属于长日照作物，结荚期需要12小时以上的光照。豆根虽有根瘤，能起固氮作用，但不能满足需要，特别在苗期应补充氮肥，在生长盛期应补充磷、钾肥。荷兰豆在微酸性土壤中生长良好。

（二）播种和育苗

1. 选择优良品种

食荚豌豆品种较多，目前推广的有软荚豌豆、大荚豌豆、台中11号豌豆、食荚大菜豌豆1号、甜脆食荚豌豆87-7、京引

8625和草原21号等。这些品种的共同特点是：茎叶粗，嫩荚肥大，优质高产。

2. 浸种催芽

将选好的豌豆种子去杂去劣，用55℃热水搅拌烫种15分钟，然后再用25~28℃温水浸泡6~8小时，直至种子吸水后充分膨胀，种皮的皱纹消失，胚根在种皮里清晰可见为止。浸种不可用铁器，另外容器下还要有排水孔排除多余的水分，最好每4小时用清水淘洗1次。浸种后将种子放在25℃条件下保湿催芽，经1~2天即可出芽。出芽后，即可播种。

3. 育苗管理

按照上述菜豆育苗的床土配制营养土。将床土装入营养钵，浇足底水，再撒一层细干土后就可播种。每钵内播2~3粒催芽的种子，然后再覆盖1厘米床土，接着覆盖塑料膜保温保湿（也可用干种子播种）。在气温18~20℃、地温15℃以上的条件下，经2天即可出苗（干播4~6天出苗）。出苗后，适当控水，促使生根。当幼苗长到4~6片叶时，就可定植。

（三）定植与田间管理

1. 施肥整地

春季3月播种。在定植前10天施肥整地，每亩施腐熟的优质粗肥5 000千克、尿素15千克、复合肥40千克，普撒后耕翻20厘米，然后做成1米宽的高畦，再覆膜烤地。当地温稳定在15℃、气温在20~25℃时，就可定植。

2. 合理定植

按每畦3行、穴距15厘米开沟定植。栽苗后，覆土稍作镇压，再按畦浇水，以水能洇湿畦面为宜。为了保温保湿，还可支小拱棚。也可按此法进行干种直播，每穴播3粒种子，播种量为矮生种每亩15~20千克，蔓生种每亩8~12千克。

3. 定植后的田间管理

定植缓苗后，实施中耕松土，促使根系生长。一般在出现花蕾前不浇水，如果土壤特别干旱，可适当浇小水。开花后，豆荚长到2~3厘米时，开始追肥浇水，随浇水每亩施尿素15千克，或者每亩施三元复合肥20千克。对于蔓生和半蔓生品种，当卷须出现时就要插支架，可用竹竿插单排立架，并要用人工引蔓上架或绑蔓。在生长旺期，如果发现有脱肥现象，可以对叶面喷施0.2%尿素或磷酸二氢钾溶液。在高温多雨季节，要设法降温降湿，如支遮阳网或与高秆作物间作。此外，畦内不可积水，热雨过后进行涝浇园。

（四）适时采收

一般在开花10天后，即可采食嫩荚。也就是说，当嫩荚充分长大，但籽粒还没饱满时即可采摘。如果需要采收豆粒，则应在开花后30~40天，荚皮变黄，豆粒变硬时再采收。收获时应在清晨进行，以防荚皮爆裂。

（五）病虫害防治

豌豆的病害主要有褐斑病，可用75%百菌清可湿性粉剂500倍液，或70%甲基硫菌灵可湿性粉剂600~800倍液喷雾。也可发生白粉病，可用45%硫黄悬浮剂300~400倍液或20%三唑酮乳油1 000~1 500倍液喷雾。预防落花落荚，可喷30毫克/千克的防落素。

荷兰豆的主要害虫为蚜虫，可喷5%抗蚜威可湿性粉剂2 000倍液。另外，还有害虫潜叶蝇，可用1.8%阿维菌素乳油2 000倍液进行防治。

三、豇豆

豇豆又名豆角、长豆角、带豆等，原产非洲热带草原地区，是夏秋淡季的主要蔬菜之一。

(一) 生物学特性

1. 主要形态特征

（1）根。为深根性蔬菜，主根入土可达 80~100 厘米，侧根不发达，根群较其他豆类小，吸收根群主要分布在 15~18 厘米耕作层内。

（2）茎。茎有蔓生、半蔓生和矮生 3 种，蔓生种的分枝能力较强。

（3）花。主蔓在早熟种 3~5 节、晚熟种 7~9 节、侧蔓 1~2 节抽生花序。总状花序，每花序着生 2~4 对花，花瓣呈黄色或淡紫色。自花授粉。

（4）果实及种子。果实为细长荚果，近圆筒形，为主要食用部分。

2. 生长发育周期

豇豆的生长发育过程与菜豆的基本相似。生育期的长短，因品种、栽培地区和季节不同差异较大，蔓生品种一般为 120~150 天，矮生品种 90~100 天。

3. 对环境条件的要求

（1）温度。耐热，不耐霜冻。种子发芽适温为 25~30℃，种子出土后幼苗生长适温 30~35℃，抽蔓后生长发育适温 20~25℃，高于 35℃仍正常开花结荚。10℃以下的低温，生长受抑制，5℃以下低温植株受害。

（2）光照。喜光性强，但也能耐阴。短日照蔬菜，但大部分品种要求不严。

（3）水分。耐土壤干旱的能力比耐空气干旱的能力强。降水过多、积水和干旱均会引起落花落荚，干旱还会引起品质下降、植株早衰、产量降低。

（4）土壤营养。对土壤的适应性广，稍能耐碱，但最适宜疏松、排水良好、pH 值为 6.2~7.0 的土壤。根瘤菌不如其他豆类发达，需一定的氮肥。

（二）栽培季节与茬口安排

豇豆主要作露地栽培，设施栽培极少。华北和东北多数地区一年栽培一茬，4月中下旬至6月中下旬播种，7—10月采收。华南地区常在生长期内分期播种，以延长供应期，如广州等地从2—8月均可播种，5—11月陆续采收，供应期长达半年以上。

豇豆忌连作，应实行两年以上轮作。

（三）栽培技术

1. 整地播种

结合整地，每亩施入充分腐熟的有机肥4立方米左右。然后做成宽为1.3米的低畦或65~75厘米的垄畦。

2. 播种

春季宜在地温10~12℃以上时播种。直播，一般行距为60~75厘米、株距为25~30厘米，每穴播3~4粒。播种深度约为3厘米。每亩用种3~4千克。

3. 育苗与定植

豇豆育苗移栽可提早采收，增加产量。为保护根系，用直径约8厘米的纸筒或营养钵育苗，每钵播3~4粒，播后覆塑料小拱棚，出土后至移植前，保持温度在20~25℃，床内保持湿润而不过湿。苗龄15~20天，2~3片复叶时定植。行距为60~80厘米，株距为25~30厘米，每穴2~3株，夏秋可留3~4株。矮生种可比蔓生种较密些。

4. 搭架摘心

当植株生长有5~6片叶时搭"人"字形架引蔓上架。第一花序以下的侧枝彻底去除。生长中后期，对中上部侧枝留2~3片叶摘心。主蔓长到2米以后及时摘心打顶，以使结荚集中，促进下部侧花芽形成。

摘心、引蔓宜在晴天中午或下午进行，便于伤口愈合和避免折断。

5. 肥水管理

开花结荚前,控制肥水,防徒长。当第一花序开花坐果,其后几节花序显现时,浇足头水。中下部豆荚伸长,中上部花序出现后,浇二水。以后保持地面湿润。

追肥结合浇水进行,隔一水一肥。7月中下旬出现伏歇现象时适当增加肥水,促侧枝萌发,形成侧花芽,并使原花序上的副花芽开花结荚。

6. 采收

开花后 15~20 天,豆荚饱满,种子刚显露时采收。第一个荚果宜早采。采收时,按住豆荚基部,轻轻向左右转动,然后摘下,避免碰伤其他花序。

四、毛豆

菜用毛豆得到了我国以及东南亚各国人民的喜爱,因为它主要有食用方便、味美可口、营养丰富等特点。

(一)选用良种,合理轮作

毛豆本身具有不耐连作的特征,应该选择非豆科作物轮作,以及水旱轮作的方式。常用的优良品种有早生辽鲜一号、大粒王 2 号、大粒王 8 号等,主要是因为这些品种具备良好的特征,例如,较短的生育期、较强的抗性、广泛的适应性、较好的丰产效果、品质优等。

(二)播种

1. 播种期

比较适合于春播的气温是地温稳定大于 12℃,通常在 3 月中下旬至 4 月上旬。秋播宜在 7 月下旬至 8 月下旬。

2. 种子处理

播种前是按种子量的 0.4% 拌种,所用药剂是甲霜灵可湿性粉剂。做到即拌即播。

3. 合理密植

采用的是双行穴播以及窄畦的方式,行距和株距保持的范围分别为 30~35 厘米和 25~30 厘米,每穴的种子数量在 2~3 粒。平均每亩用种量保持在 5 千克左右。每亩的基本穴数量为 0.8 万~0.9 万穴,亩留苗数量 1.7 万~2 万苗。播后用火烧土覆盖,盖土厚度为 3 厘米为宜。

(三) 科学选地,改良土壤

1. 科学选地

选用有以下特征的壤土或沙壤土的田块用于种植,第一,所处的位置应该距离工矿区较远,而且还有良好地生态环境,污染源几乎不存在;第二,方便的排灌系统,较为深厚的,和有较好的通透性;第三,土壤肥力要求在中等以上,具有较高的有机质含量,而且 pH 值 5~6。

2. 施足基肥

改良土壤:在种植毛豆前必须施足基肥,增施有机肥,有效地改善土壤团粒结构,并对土壤肥力有了很好的提高。在一般情况下,每亩施用腐熟的农家肥 750 千克左右、三元复合肥 40 千克,做到耕透耙匀,土肥交融。然后整畦,畦宽 60 厘米(带沟),隔日播种,播后灌水湿润。

(四) 田间管理

1. 间苗

一般在 2 片对生真叶展开后至第 1 片复叶完全展开前进行人工间苗,合理地控制种植密度和株行距。首先应拔除弱苗、小苗、病苗,再按照标准要求的株距或穴距进行一次性定苗。

2. 中耕培土

在中耕中最有突出代表性的三个字"早、浅、深",不同时期的中耕所要求的也有很多的不同,例如在三叶期前的,应该是第一次中耕；在分枝期的，应该是第二次中耕而且深入较好，培土时间每次间隔时间应该在半月左右，再与培土结合则会很有效的降低倒伏情况的发生。对于中耕来说，其最大的特点杂草的清除，对土壤疏松的改善，在通气上的增加，对于养分释放的促进，这些都对毛豆根系发育和根瘤菌繁殖产生了积极的影响。

3. 合理排灌

毛豆是作为一种作物，有既怕旱又怕涝的特性，要根据作物的需水规律、本地的气候和降雨特点等方面，做到"燥苗、湿花、干荚"。例如处于幼苗期，需要在水分上有较低的保持，这样对于发根有很好的促进作用；处于花芽分化期到开花结荚这段时间内，适当的浅水勤灌，让土壤一直保持湿润，可以防止落花落荚；在鼓粒期中，常常出现的干湿交替现象，这样对于早衰也有很好的预防效果。

4. 追肥

苗期（出苗后一周）亩施尿素的用量为 5~10 千克或者是 5%腐熟人粪尿；依据苗情以及土壤肥力，初花期所施的复合肥用量应该为 10~20 千克；结荚期初期亩施尿素 10 千克、复合肥 10 千克，可适量喷施叶面肥，一般每亩情况下尿素的用量为 100 克、磷酸二氧钾的用量为 100 克和 50 千克的水混合搅匀调匀，在 16 时对叶面进行相应的喷施。

（五）病虫害防治

毛豆的病虫害主要有霜霉病、豆荚螟、紫斑病、大豆锈病、蚜虫几种。在防治上我们经常使用的原则是"预防为主、综合防治"，主要的防治方式有农业性的、物理性的，生物性的，而无害化防治则是以化学农药防治作为辅助的方法。

一是选用特征良好的抗病虫良种，结合采用合理性的轮作，科学的施肥，合理而又有效的排灌和中耕除草，培育出无病虫壮苗，提高植株抗病虫能力。当病虫害小面积的发生时，应及时除去相应的病枝、残叶,并集中烧毁,达到减少传播源的目的。二是利用害虫的一些趋性进行有关处理,例如颜色诱杀,在田间悬挂黄色胶板对蚜虫就产生了很好的诱杀效果。三是微生物农药防治措施,例如阿维菌素可以对蚜虫的防治产生很好的效果。四是化学农药防治,高效、低毒、低残留的农药按照浓度可以合理和有效地使用,这样也就在防止病虫害的抗药性上产生了很好的效果,同时在用药量和用药次数及安全间隔期起到了很好的效果。根据病虫为害及作物生长情况,第一次在苗田出芽4~5天喷5%井岗霉素300倍液、10%吡虫啉3 000倍液防治;第二次在第一次后10天,喷70%甲基硫菌灵800倍液,3%阿维菌素2 500倍液防治;第三次在第二次后15天,喷15%甲霜灵1 000倍液,10%吡虫啉3 000倍液防治;第四次在第三次后20天,喷70%甲基硫菌灵800倍液,3%阿维菌素2 500倍液防治。

第三章　无公害蔬菜贮藏与加工

第一节　蔬菜采收质量安全

一、采收标准

蔬菜种类繁多，供食用的产品器官不同，鲜销或加工、贮藏等用途不一，因而采收标准也不一致。但共同的都是以是否达到商品成熟度，即是否成熟到适合食用或加工、贮运，作为唯一的采收标准。就多数蔬菜而言，商品成熟均早于生理成熟。如以根、茎、叶、花或幼嫩果实供食用的蔬菜均在生理成熟前就采收。只有少数蔬菜如番茄、西瓜、甜瓜等的商品成熟度才与生理成熟度基本一致，即可以生理成熟度作为采收的标准。

蔬菜的成熟度分为生理成熟度、消费成熟度、采收成熟度等。生理成熟度，是对产品本身而言的，是在考虑到产品在大田生长条件的基础上，以开花授粉的时间，或播种后出苗的时间开始计算的天数。消费成熟度，是对产品的零售商和消费者而言的，以产品的品质转变来衡量，有时这种转变的确定方法要借助一些设备、仪器。采收成熟度，是对农民和蔬菜贩运者而言的，根据产品的大小、形状、颜色、硬度来衡量的。正确判断蔬菜成熟度，是指导及时收获蔬菜的基础。同一种蔬菜产品器官在应用某些指标进行判断时，由于用途不同也可有不同的商品成熟度标志。另外，由于不同地区消费习惯的不同，采收标准还常有一定的地区差异。常有的判断指标有以下几个。

（一）色泽

一般果实成熟前为绿色，成熟时绿色减退，底色、面色逐渐显现。可根据该品种固有色泽的显现程度，作为采收标志。

如番茄一般在果实开始转红时采收，甜椒一般在果皮转浓绿而有光泽时采收，豌豆在荚果从暗绿变为亮绿色时采收等。但供较长时期贮运的番茄则以果脐泛白的转色期为采收适期；供罐藏制酱或干制辣椒以果实充分红熟为采收适期。

（二）硬度

对一些蔬菜来说，如甘蓝的叶球、花椰菜的花球以及供贮运的南瓜、番茄等，硬度是生育良好、充分成熟或尚未过熟变软、耐运输贮藏的标志，因此应在达到一定硬度时采收；但是对于绿叶蔬菜、菜用豌豆、菜豆等而言，产品器官趋于坚硬，则表示其食用品质下降，因此应在幼嫩时采收。

（三）主要化学物质含量

果蔬中某些化学物质如淀粉、糖、酸的含量及果实糖酸比的变化与成熟度有关。可以通过测定这些化学物质的含量，确定采收适期。

（四）生长期

在正常气候条件下，各种果蔬都要经过一定的天数才能成熟。因此，可根据生长期来确定适宜采收的成熟度。

（五）植株生长状态

一些地下茎、鳞茎类蔬菜如芋头、姜、洋葱等，在地上部分开始枯黄时采收，耐藏性最好；莴苣以生长点不超过叶丛为采收适期；不结球白菜以薹高不超过莲座叶的先端等为采收适期。

（六）其他

产品大小的高度、直径等，能量（呼吸强度）、种子颜色、果实表面果粉的形成、蜡质层的薄厚、果实呼吸高峰的进程、核的硬化及果梗脱离的难易程度等，均可作为果蔬成熟的标志。

二、采收时机

(一) 采收的合适时期和环境条件

蔬菜的适期采收,有按播种后的天数计算成熟度,有按积温进行推算。有按盛花期计算,也有按坐果期计算的。也可以根据对产品的可溶性固形物测量及乙烯浓度的测定,对产品的硬度检测等方法来判定果品成熟度也比较准确。采收的成熟度对于不同品种的蔬菜、不同的采收季节、不同的用途都是不同的,要在实际生产中根据基本原理和针对不同的品种进行探索,掌握最佳的采收时间,了解每一品种的最佳采收成熟度。

蔬菜最好在一天内温度最低的时间采收。这时候温度低,产品的呼吸作用小,生理代谢缓慢,采收后由于机械损伤引起的不良生理反应也降到最小。较低的环境温度对于产品采后自身所带的田间热也可以降到最小。水分含量要控制到允许范围的最低程度。水分含量高,产品的品质鲜嫩,在采收及采收之后的处理过程中发生伤害和损失,虽然采后可用日晒的方法来降低水分含量,但日晒去除水分的同时,也会增加呼吸强度,提高有害物质、激素的产生,增加产品本身营养成分的损耗,加快衰老速度。

(二) 其他因素

蔬菜的合理采收时机除根据采收标准掌握外,尚需考虑下列因素。

(1) 保持长势。多次采收的蔬菜,如茄果类、瓜类的第一果(或第一穗果)宜适当早采,常在幼果尚未达到采收标准时就提前采收,以利于植株发棵和后续果实的生长。到结果盛期每隔1~2天就采收一次,可避免植株早衰。用种子直播的空心菜最初两次采摘时,茎基部可留2~3节,以促进萌发较多的嫩枝;第3、4次采摘时,适当重采,仅留1~2节,可免发枝过多,生长纤弱、缓慢,影响产量和品质。多年生的韭菜,为维持高产和使地下根茎贮藏有足够的营养物质,防止早衰,应控制收割次数；且不能割得过低，以免损伤叶鞘的分生组织和幼芽，影响下一刀产量和长势。

（2）提高贮藏性。高温时采收不利于采后贮藏；降雨后采收，成熟的果实易开裂，滋生病原菌，引起腐烂。一般以在晴天清早气温和菜温较低时采收为宜。供冬季贮藏用的芹菜、菠菜等耐寒蔬菜，在不使受冻的前提下适当延迟收获，可避免贮藏时脱水、发热、变黄和腐烂。薯芋类蔬菜成熟过程中糖分转化为淀粉，适当延迟采收有利于提高贮性；反之，有的蔬菜如番茄，成熟过程中糖分增加，淀粉减少，则以适当早采的贮性较好。某些蔬菜采收前用生长调节剂处理，可在采后延迟其成熟，利于贮藏。

（3）保持鲜度。蔬菜鲜度主要由呼吸强度和失水速度决定，而温度则是影响呼吸和水分含量的最主要因素。在气温较低的清晨或上午采收，有利于保持产品的鲜度。

三、采收方法

蔬菜的采收方法有人工采收和机械采收两种。机械采收，主要适用于以加工为目的的蔬菜，如制造番茄酱的番茄，制造罐头的豌豆等。以新鲜蔬菜的形式销售的，一般都是用人工采收。可以针对不同的成熟度，不同的性状，及时分类采收，使损伤最小，达到最佳的外观品质。但人工采收后往往采收粗放，工具原始，导致产品大小、生熟、好坏混杂，外伤严重，带病产品对周围的健康产品大肆感染。因此，人工采收时要注意戴手套采收，修剪指甲，准备好采收袋，把采收袋挂在肩上采收。采收袋的设计是在袋底部做一个拉锁大开口，在袋装满产品后，把拉锁拉开，让产品从底部慢慢落入周转箱中，并用大柳条筐或竹筐作周转，可节省运费，减少伤害损耗10%~20%。

不同种类蔬菜应采用不同的方法采收。如地下根茎类大部分用锹、锄或机械挖刨。有的采收机械还附有分级、装袋等设备。采收时应避免机械损伤；采收后摊晾使表面水分蒸发和伤口愈合。洋葱、蒜可连根拔起,在田间曝晒,使外皮干燥。多数叶菜类、果瓜类、豆类蔬菜则用刀割、手摘或用机械采收。

对于多次采收的蔬菜,在收获期要分期采收,分级装箱上市。如韩国萝卜播种后 100 余天,肉质部分膨大,肉质根的基部已圆起来形成"圆腚"即可采收上市。韩国萝卜的采收期较长,到播后 150 天也不会出现抽薹和肉质根糠心,因此可根据市场需求,分期分批采收。收获时注意避免二次污染,装萝卜的容器要求清洁、卫生、牢固、无污染。采收后,将病虫残叶运出园外,集中销毁和处理。

第二节 蔬菜的加工

一、蔬菜的种类及可加工性

蔬菜,是人类食物中矿物质、维生素和纤维素的主要来源。

(一)蔬菜的种类

按食用部位的不同,蔬菜可分为以下几类:根菜类:萝卜、胡萝卜、大头菜、甜菜等;茎菜类:竹笋、芦笋、莴笋(又名莴苣)、葱头、蒜头、藕、姜、荸荠、芋、马铃薯等;叶菜类:大白菜、甘蓝、雪里蕻、菠菜、芹菜、大葱等;花菜类:青花菜、紫菜薹、金针菜等;果菜类:辣椒、豌豆(青豆)、刀豆(四季豆)、菜豆、豇豆、蚕豆、毛豆、甜玉米、番茄、茄子、西瓜、冬瓜、黄瓜、南瓜、苦瓜等。

(二)蔬菜的加工性能

蔬菜罐藏和冷冻要求肉质丰富、可食比高,质地紧密,糖酸比适中,色香味好,耐煮制,不变味、不变形等。绝大部分果品和蔬菜均适于罐藏和速冻。

蔬菜的糖制对原料的要求虽不及罐藏和冷冻产品要求严格,但名优产品仍有其特定的要求。蜜饯、果脯类要求糖分高、肉质耐煮,如橄榄、某些柑橘类、藕、胡萝卜、小苹果类等。果酱类则要求原料果胶、糖、酸含量高,风味浓、香味足,如柑橘、苹果、草莓、杏、山楂等。

蔬菜的腌制对原料的要求不是非常严格，但一般应以水分含量较低，干物质多、肉质厚、风味特殊、粗纤维少者为好。芥菜类、白菜类、根菜类和某些果菜是主要的腌渍菜原料。荞头、莴苣、萝卜、黄瓜、花生、辣椒、大蒜、生姜等也都是优良的腌制菜原料。

二、加工原料的选用与处理

（一）原料选用

目前，蔬菜加工制品的种类主要有：蔬菜干制品、蔬菜罐藏制品、蔬菜腌制品、蔬菜糖制品、蔬菜汁制品、蔬菜速冻制品、果酒和果酱酿造等。蔬菜原料的种类即原料的特性决定着加工制品的种类。不同的原料加工成不同的制品，不同的制品需要不同的原料，见下表。

表　原料选用

加工制品种类	加工原料特性	蔬菜原料种类
干制品	干物质含量较高，水分含量较低，可食部分多，粗纤维少，风味及色泽好的种类和品种	胡萝卜、马铃薯、辣椒、南瓜、洋葱、姜及大部分的食用菌等
罐藏制品、糖制制品、冷冻制品	肉厚、可食部分大、耐煮性好、质地紧密、糖酸比适当，色香味好的种类和品种	一般大多数的蔬菜均可进行此类加工制品的加工
果酱类	含有丰富的果胶物质、较高的有机酸含量、风味浓、香气足	蔬菜类如番茄等
蔬菜汁制品、果酒制品	汁液丰富，取汁容易，可溶性固形物高，酸度适宜，风味芳香独特，色泽良好及果胶含量少的种类和品种	番茄、黄瓜、芹菜、大蒜、胡萝卜及山楂等
腌制品	一般应以水分含量低、干物质较多、肉质厚、风味独特、粗纤维少为好	原料的要求不太严格，优良的腌制原料有芥菜类、根菜类、白菜类、榨菜、黄瓜、茄子、蒜、姜等

1. 原料成熟度与加工

蔬菜收获期也要适时，收获太晚，蔬菜组织疏松，粗纤维增多，水分含量高，可溶性固形物含量下降。收获过早，组织太细嫩，营养物质积累不多，且影响产量。

2. 原料新鲜度与加工

加工原料越新鲜，加工的品质越好，损耗率也越低。因此，从原料采收到加工时间应尽量缩短，这就是加工厂要建在原料基地附近的原因。蔬菜多属于易腐农产品，某些原料如番茄等，不耐重压，易破裂，极易被微生物浸染，给以后的消毒杀菌带来困难。这些原料在采收、运输过程中，极易造成机械损伤，若及时进行加工，尚能保证成品的品质，否则这些原料严重腐烂，导致失去加工价值或大量损耗。如蘑菇、芦笋要在采后2~6小时内加工，青刀豆、蒜薹不得超过1~2天，大蒜、生姜采后3~5天，甜玉米采后30小时，就会迅速老化，含糖量下降近1倍，淀粉含量增加，水分也大大下降，影响加工品的质量。

（二）原料处理

以各种新鲜蔬菜为原料，制成各种各样的加工制品，虽然不同的加工制品有不同的制作工艺，但在各类蔬菜加工制品中对原料的选剔分级、洗涤、去皮、去心、破碎等处理方法，均有共同之处，可统称为常规处理法。另外，根据加工原料的特性不同和制品的特殊要求不同在制作工艺中通常还采用热烫处理、硬化处理、护色处理等方法。

1. 原料的分级

原料进厂后首先要对原料进行分类分级，即要剔除霉烂及病虫害果实，对残、次及机械损伤类原料要分别加工利用。然后再按形态的大小、成熟度及色泽等标准进行分级。原料的合理分级，不仅便于操作，提高生产效率，更为重要的是可以保证提高产品质量，得到均匀一致的产品。

2. 原料洗涤、原料清洗

目的是洗去果品蔬菜表面附着的灰尘、泥沙和大量的微生物及部分残留的化学农药，保证产品清洁卫生。洗涤用水，除制果脯和腌渍类原料可用硬水外，其他加工原料最好使用经软化后的水。水温一般是常温，有时为增加洗涤效果，可用温热水，但温热水不适宜柔软多汁、成熟度高的原料。原料如有残留农药，还须用化学药剂洗涤。一般常用的化学药剂有0.5%~1.5%盐酸溶液，0.1%高锰酸钾或600毫克/千克漂白粉液等。在常温下浸泡数分钟，再用清水洗去化学药剂。洗涤根据各种原料被污染程度、耐压耐摩擦的程度，以及表面形状的不同，采用不同的洗涤方法，有人工洗涤方法和机械洗涤方法。

3. 半成品保藏

蔬菜成熟期短，采收时间集中，并且多数采收期正值高温季节，一时加工不完，很快腐烂变质。应对的方法，除了用储藏方法进行原料的保鲜储藏外，通常是将原料及时加工处理成半成品进行保藏。粗加工的半成品保藏，一般是利用盐腌处理、二氧化硫处理或防腐剂处理等保藏。另外，目前国外还大量提倡无菌大罐的半成品保存。由此保藏的半成品可在通常条件下较长时间的保存。

（1）盐腌处理保藏。由于食盐溶液能够产生强大的渗透压使微生物细胞失水，处于假死状态，不能活动。其次食盐能使食品的水分活性降低，使微生物的活动能力减弱。另外，由于盐液中氧的溶解量很少，使许多好气性微生物难以孳生，从而使半成品得以保存，避免了蔬菜的自身溃败。但是，在盐腌过程中，蔬菜中的可溶性固形物要渗出损失一部分，半成品再加工成成品过程中，还须用清水反复漂洗脱盐，使可溶性固形物大量流失，使产品的营养成分保存不多，从而影响了产品的营养价值。

（2）硫处理保藏。新鲜蔬菜用二氧化硫或亚硫酸盐处理是保存加工原料的另一种有效而简便的方法。经硫处理的蔬菜，除不适宜做整形罐头外，其他加工品类都可以用，且脱硫方便。

（3）防腐剂处理保藏。在原料半成品的保藏中，应用防腐剂来防止原料分解变质，抑制有害微生物的繁殖生长，也是一种广泛应用的方法。一般该法适合于果酱、果汁半成品的保藏。防腐剂多用苯甲酸钠或山梨酸钾，其保存效果取决于防腐剂添加量、蔬菜汁的pH值、蔬菜汁中微生物种类、数量、储存时间长短、储存温度等。但是，防腐剂添加量必须按照国家标准执行。

（4）无菌大罐保藏。目前，国际上现代化的汁类加工企业大多采用无菌大罐储存来保存半成品，它是无菌包装的一种特殊形式，是将经过巴氏杀菌并冷却后的半成品，如蔬菜汁或果浆在无菌条件下装入已灭菌的大罐内，经密封而进行长期保存。该法是一种先进的储存工艺，可以明显减少因热处理造成的产品质量变化，对于绝大多数加工原料的常年供应具有重要意义。虽然该法的设备投资费用较高，操作工艺严格、技术性强，但由于消费者对加工产品质量要求越来越高，半成品的大罐无菌储存工艺的应用将会越来越广泛。我国对大容器无菌储存设备在番茄酱半成品的储存中获得了成功，相信通过不断完善和经验积累，很快会推广应用。

第三节　蔬菜贮藏技术和方法

蔬菜的耐藏性是指贮藏期间蔬菜的质量无显著变化，并且质量损耗最小。蔬菜贮藏技术主要依据不同蔬菜的采后生理变化，蔬菜的基本贮藏原理以及蔬菜贮藏期对环境条件的不同要求而定。目前，在国内外广泛应用的贮藏方法主要有以下几种。

一、低温调控贮藏技术

蔬菜是植物性食品，呼吸作用是导致其变质的主要原因，其变化过程主要是由于呼吸作用影响果蔬的耐藏性而引起的一些变化。温度是影响蔬菜贮藏性能的主要因素,不同的蔬菜有不同的贮藏温度要求。改变贮藏环境中的环境温度,通过创造一个适宜的温度而提高蔬菜的贮藏性能,是应用最早、最成熟的蔬菜贮藏保鲜技术。低温贮藏就是利用低温技术将蔬菜温度降低,并维持在低温状态以阻止腐败变质,延长蔬菜保质期。低温贮藏技术,根据温度控制的方式可以分为以下两类。

(一) 自然冷源贮藏法

自然冷源贮藏法是一种简易的、传统的贮藏方式。人们常用的自然冷源贮藏主要有堆藏(垛藏)、沟藏(埋藏)、冻藏、假植贮藏和通风窖藏(窑窖、井窖),它们都是利用外界自然低温(气温或土温)来调节贮藏环境温湿度。使用时受地区和季节限制,而且不能将贮藏温度控制到理想水平。但是,因其设施结构简单,有些是临时性的设施(如堆藏、垛藏、沟藏),所需建筑材料少,费用低廉,在缓解产品供需上又能起到一定的作用,所以这种简易贮藏方式在我国许多蔬菜产区使用非常普遍。虽然自然冷源贮藏产品的贮藏寿命不太长,然而对于某些种类的蔬菜,却有其特殊的应用价值,如沟藏适合贮藏萝卜;冻藏适用于菠菜;假植贮藏适用于芹菜、菜花;大白菜可以窖藏;白菜、洋葱可以堆藏也可以垛藏。自然冷源贮藏方式多在北方低温的冬季和早春使用,适用于贮藏温度为 0℃ 左右的农产品。

(二) 冷库贮藏法

冷库贮藏法需要具备很好的绝缘隔热设备的永久性建筑库房和机械制冷装置。机械冷却装置制冷后,利用配套设备将冷空气充入绝缘隔热库房,实现对蔬菜的低温贮藏,并根据蔬菜种类和品种的不同,进行温度调节和控制,达到长期贮藏的目的。冷藏场所及装置是果蔬贮藏保鲜最关键的设施,它们的最关键点在于对温度的控制,其次是在特殊构造条件下还能够对气体成分、压力和相对湿度进行控制,以满足果蔬产品贮藏保鲜的要求。现代低温贮藏主要包括机械冷藏、机械气调冷藏、机械减压冷藏和机械湿冷冷藏等。

一般认为，低温利于蔬菜贮藏，但并非温度越低越好。一些生长在热带、亚热带高温多湿环境中的蔬菜，由于形成了对低温的敏感性，在低温环境中易造成代谢失调和细胞伤害，即所谓的冷害。冷害导致果蔬抗病性和耐藏性下降，造成严重腐烂和品质劣变，限制了低温技术在冷敏感性果蔬贮藏中的应用。在生产上可以采用逐步降温、间歇升温、波温贮藏和热处理等变温贮藏技术减轻低温贮藏中冷害的发生。许多研究证明，间歇升温对甜椒、黄瓜等冷害发生有一定的延缓作用。

二、气调贮藏技术

气调贮藏，全称调节气体贮藏（简称CA），是通过对贮藏环境中温度、湿度、氧气浓度、二氧化碳浓度和乙烯浓度等条件的控制，抑制蔬菜的呼吸，降低蔬菜的新陈代谢，以延缓蔬菜的衰老进程，从而达到保鲜目的的一种贮藏方法。气调贮藏能更好地保持果蔬的新鲜度和商品性，延长果蔬贮藏期和销售货架期。

气调贮藏是在封闭体系内，通过各种调节方式得到不同于正常大气组成的调节气体，依此来抑制导致蔬菜本身变质的生理生化过程或抑制作用于蔬菜的微生物活性。气调主要以调节空气中的氧气和二氧化碳为主。气调贮藏营造的低氧、高二氧化碳浓度的气体环境，能有效抑制呼吸作用，减少果蔬中营养物质的损耗；还能抑制病原菌的滋生和繁殖，降低某些生理病害的发生概率。气调贮藏环境可以抑制果蔬内源乙烯生成，并且能够通过脱除装置排除贮藏环境中的乙烯，进而抑制乙烯对果蔬的催熟作用，延缓果蔬后熟和衰老过程。气调贮藏可以通过加湿系统增加贮藏环境中气体的相对湿度，降低果蔬的蒸腾作用，减少失水，达到长期贮藏保鲜的目的。气调贮藏是果蔬贮藏保鲜的最佳方式，具有保鲜效果好、贮藏时间长、损耗低、货架期长和绿色无害的优点。通常气调贮藏比普通冷藏可延长贮藏期 2~3 倍。

(一) 气调贮藏技术的种类

(1) 塑料薄膜帐气调贮藏法。利用塑料薄膜对氧气和二氧化碳有不同渗透性的原理来抑制果蔬在贮藏过程中的呼吸作用和水蒸发作用的贮藏方法。一般选用 0.10 毫米厚的无毒聚氯乙烯薄膜或 0.075~0.2 毫米厚的聚乙烯塑料薄膜。对于需要快速降氧气的塑料帐,封帐后用机械降氧机快速实现气调条件。但由于蔬菜的呼吸作用仍然存在,帐内二氧化碳浓度会不断升高,应定期用专门仪器进行气体检测,及时调整气体成分的配比。

(2) 硅窗气调贮藏法。根据不同的果蔬及贮藏的温湿度条件,选择面积不同的硅橡胶织物膜热合于用聚乙烯或聚氯乙烯制成的贮藏帐上,作为气体交换的窗口简称硅窗。硅橡胶织物膜对氧气和二氧化氮有良好的透气性和适当的透气比,可以用来调节果蔬贮藏环境的气体成分,达到控制呼吸作用的目的。

(3) 催化燃烧降氧气调贮藏法。用催化燃烧降氧机以汽油、石油液化气等燃烧与从贮藏库内抽出的高氧气体混合进行催化燃烧反应。以汽油为例,反应式如下:$C_2H_4+3O_2=2CO_2+2H_2O$。由反应式可见,空气中氮气不参加上述反应,式中的 H_2O 是蒸汽状态的水,可用冷凝法排除,反应后无氧气再返回气调库内,如此循环,直到把库内气体含氧量降到要求值。当然这种燃烧方法及果蔬的呼吸作用会使库内二氧化碳浓度升高,这时可以配合采用二氧化碳脱除机降低二氧化碳浓度。

(4) 充氮降氧气调贮藏法。从气调库内用真空泵抽除富氧的空气,然后充入氮气,这两个抽气、充气过程交替进行,以使库内氧气含量降到要求值,所用氮气的来源一般有两种:一种用液氮钢瓶充氮,另一种用碳分子筛制氮机充氮。其中第二种方法一般用于大型的气调库。

由于气调贮藏具有延长果蔬贮藏期,比一般冷藏长 0.5~1 倍;可保持果蔬原有品质及风味;可抑制果蔬病虫害的发生;

贮藏期间失水最少，商品率最高；货架期长等优点。因此，随着气调贮藏研究和商业应用的深入，越来越多的蔬菜生产者和贸易商认识到气调贮藏的先进性，大大促进了气调贮藏保鲜技术的发展。

（二）气调贮藏的特点

（1）贮藏时间长。气调贮藏综合了低温和环境气体调节两方面的技术，延缓了蔬菜成熟、衰老，较大程度地延长了蔬菜贮藏期。

（2）贮藏效果好。气调贮藏应用于新鲜蔬菜贮藏时，能有效延缓成熟衰老，抑制乙烯生成，防止病害的发生，保持蔬菜原始风味和色泽。气调贮藏能够有效减少贮藏损失，提高经济效益。另外，经气调贮藏后的蔬菜由于长期处于低氧和较高二氧化碳的环境作用下，解除气调状态后，仍有一段很长时间的"滞后效应"。

（3）"绿色"贮藏。果蔬在气调贮藏过程中，由于受到低温、低氧和较高的二氧化碳的交互影响，病害得到有效抑制，无需再进行化学药物防腐处理。另外，贮藏环境气体成分与空气相似，不会使果蔬感染对人体有害的物质。贮藏环境采用密封循环制冷系统调节，使用饮用水提高相对湿度，不会对蔬菜造成污染，符合食品卫生要求。

三、减压贮藏技术

减压贮藏又称低压贮藏、负气压贮藏或真空贮藏，是在冷藏和气调贮藏的基础上进一步发展起来的一种特殊的气调方法。该技术是将水果蔬菜及其他鲜活农副产品置于密闭容器或密闭库内，用真空泵将容器或库内的部分空气抽出，使内部气压降到一定程度，同时经压力调节器输送新鲜湿润的空气，整个系统不断地进行气体交换，以维持贮藏容器内压力的动态恒定和保持一定的湿度环境。在低压条件下，抑制蔬菜的呼吸作用，同时降低了空气中氧气的含量，并且阻止了果蔬贮藏期间乙烯、乙醇等有害气体的积累。

减压贮藏技术是在气调贮藏技术上发展起来的新型贮藏技术，具有以下几个优点。

（1）可进行超长期贮藏保鲜，为调节淡旺季蔬菜供应提供了物资保障。如扁豆在库温7℃下进行减压贮藏可由普通冷藏下的保鲜期10天延长至30天，保鲜期增加2倍。

（2）具有快速降氧、快速真空降温和快速排除有害气体成分的特点。减压条件下，蔬菜田间热、呼吸热等被真空泵排除而实现快速降温；氧分压迅速降低，克服了气调贮藏降氧缓慢的特点；在减压造成的压力差下，蔬菜组织内的气体成分向外扩散，避免了有害气体对农副产品的毒害，延缓了衰老的进程。

（3）经过减压贮藏的蔬菜，在结束减压后的一段时间内继续有保鲜效果，其后熟和衰老过程仍然缓慢，能够延长农产品的运输时间和货架期。

（4）可同时贮藏不同的产品品种。由于减压贮藏换气频繁，各种气体物质不会在容器内积累，使得通常互有干扰不宜混放的产品可以在一起贮存。

（5）操作灵活，使用方便，按实际需要调节开关，即可达到所要求的条件。另外，必要时可随时解除真空，随时启闭减压装置装卸产品，不致产生不良影响。

（6）经济、节能。除空气外，在减压系统中不需要提供其他气体如二氧化碳和氮气等。减压贮藏装置的制冷降温与抽真空是不断地连续进行，降温速度相当快，所以减压贮藏的蔬菜可以不预冷。

减压贮藏有协调蔬菜季节性生产和周年供应、区域性生产和跨地区消费的能力。因此，减压贮藏由于其独特的经济技术优势，应用范围十分广泛，发展前景相当广阔，将成为保鲜技术的主体和支柱。

四、防腐剂贮藏保鲜技术

防腐剂处理蔬菜可以有效地抑制或杀死霉菌的侵染，减少蔬菜损失。长期以来，防腐剂是蔬菜贮藏保鲜中常用的措施。随着防腐剂的广泛应用，防腐剂的残留问题引起人们越来越多的关注。人们对防腐剂的安全问题提出了新的要求。按来源不同防腐剂可分为两类，即化学合成防腐剂和天然防腐剂。

（一）化学合成防腐剂

由人工合成，种类多，一般分为防护型、防腐剂、广谱内吸型防腐剂和熏蒸型防腐剂。用于新鲜果蔬的化学合成防腐剂主要有对羟基苯甲酸酯类及其钠盐、山梨酸及其钾盐、2,4-二氯苯氧乙酸、聚二甲基硅氧烷、稳定态二氧化氯、辛基苯氧聚乙烯氧基、二氧化硫、焦亚硫酸钾、焦亚硫酸钠、亚硫酸钠、亚硫酸氢钠、低亚硫酸钠、多菌灵、克菌丹、抑菌脲、咪鲜胺等。

（二）天然防腐剂

天然防腐剂是生物体分泌或体内存在的防腐物质。天然防腐剂经人工提取后即可用作食品防腐，具有安全、无毒、高效和增进食品风味、品质等特点。目前，在国内外常用的天然果蔬保鲜剂主要有茶多酚、蜂胶提取物、橘皮提取物、魔芋甘露聚糖、鱼精蛋白、植酸、连翘提取物、蒜提取物、壳聚糖等。此外，美国研制出一种由焦磷酸钠、柠檬酸、抗坏血酸和氯化钙4种安全无毒的成分组成的高效多功能果蔬保鲜剂，可延缓果蔬氧化和酶促褐变。英国研制出一种无色、无味、无毒、无污染、无副作用的可食果蔬保鲜剂——森柏保鲜剂，是由植物油和糖组成，可抑制果蔬呼吸作用和水分蒸发。我国科学家发现用壳聚糖可以改善莴苣、番茄、黄瓜、香菇等蔬菜的贮藏性，如用壳聚糖处理番茄，常温下可贮藏30天左右。

五、生物贮藏保鲜技术

生物保鲜技术是近年发展起来的具有广阔前途的贮藏保鲜方法，主要利用微生物菌体及其代谢产物、天然提取物，抑制有害微生物生长，减缓乙烯合成和呼吸速度，降低果蔬采后腐烂损失，从而达到贮藏保鲜的目的。与其他方法相比，生物贮藏保鲜技术众多特点和优势。如可以有效地抑制或杀灭有害菌等，更有效地达到保鲜的目的；无毒物残留，无污染，天然卫生；能更大限度地保持蔬菜的原有风味和营养成分，并且外观形态不发生变化；在保鲜的同时，还有助于改善提高食品的品质和档次，从而提高产品附加值。

生物贮藏保鲜技术是一种正在兴起的食品保鲜技术，目前应用较多的是酶法保鲜，其原理是利用酶的催化作用，防止或消除外界因素对食品的不良影响，从而保持食品原有的品质。酶的催化作用具有专一性、高效性和温和性，因此可应用于各种蔬菜保鲜，有效防止氧化和微生物对蔬菜所造成的不良影响。目前，用于保鲜的生物酶种类主要有葡萄糖氧化酶和细胞壁溶解酶。彭穗等采用乳酸链球菌素与复合生物酶对辣椒在常温下生物保鲜工艺进行了研究，结果表明能有效抑制辣椒的发酵，延长保质期。生物防治中将病原菌的非致病菌株喷布到蔬菜上，可以降低因采后贮藏病害造成的损失。如将菠萝的绳状青霉喷布到菠萝上，可以大大降低菠萝青霉腐烂；南运北调的马铃薯用假单胞杆菌在采后浸渍，其软腐病率降低50%。

除了这些常见的贮藏保鲜技术以外，还有臭氧贮藏保鲜技术、辐射贮藏保鲜技术等。我国蔬菜种植面积和总产量逐年上升，但贮藏能力远远没有满足生产的需求，每年因腐烂造成的损失非常严重。随着经济的发展，我国的蔬菜市场必将会越来越繁荣，蔬菜贮藏保鲜业既是促进蔬菜生产、搞好产后加工的桥梁，也是提高农民收入、促进蔬菜进出口贸易的重要措施，同时也是农业产业化的重要内容。发展蔬菜贮藏保鲜可以使工农业总产值成倍增长，特别是对于我国人口日益增长和耕地日益减少的今天更具有特殊意义。因此，我国今后要注重蔬菜贮藏设备和库房的研发和创建，加强蔬菜贮藏保鲜新技术的开发和推广，促使蔬菜贮藏多样化发展。

第四章 无公害蔬菜经营管理

第一节 无公害蔬菜成本核算

一、无公害蔬菜生产中生产成本的核算

"生产成本———无公害蔬菜"的成本构成为：地租费、人工费、农用物资、折旧费、其他费用等。

（1）"地租费"是指种植无公害蔬菜的年土地使用费。

（2）"人工费"是指种植无公害蔬菜的人工工资，包括工人及管理人员工资。

（3）"农用物资"是指种植无公害蔬菜使用的农用物资，包括农药，肥料，其他防寒、防冻、防虫等物资。

（4）"折旧费"是指固定资产使用折旧费，包括交通工具、机械用具、大棚、仓库、厂房、水井、蓄水池、水管、道路、建筑物、构筑物、交通工具及灌溉设施等折旧。

二、无公害蔬菜生产中人工费用的核算

我国的无公害蔬菜生产仍以手工劳动为主，因此人工费用在无公害蔬菜产品的成本中占有较大比重。人工消耗折算成货币比较复杂，种植户可视实际情况计算雇工人员的工资支出，也要把自己的人工消耗算进去。

三、无公害蔬菜产品的成本核算

核算成本首先要汇总某种无公害蔬菜的生产总成本，在此基础上计算出该种无公害蔬菜的单位面积（亩）成本和单位质量（千克）成本。生产某种无公害蔬菜所消耗掉的物质费用加上人工费用，就是某种无公害蔬菜的生产总成本。如果某种无

公害蔬菜的副产品（如瓜果皮、茎叶）具有一定的经济价值时，计算无公害蔬菜主产品（如食用器官）的单位质量成本时，要把副产品的价值从生产总成本中扣除。

生产总成本=生产成本+制造费用

单位面积成本=生产总成本/种植面积

单位质量成本=（生产总成本-副产品的价值）/总产量

无公害蔬菜的生产成本按蔬菜的品种及批次进行成本的归集，在采收时根据生产部的估产产量，按估产单位成本进行成本的结转，在采收结束时或年末进行一次性调整，也可根据采收产量情况，随时调整。在采收结束之后发生的成本费用，归集在下一批次成本核算。

"制造费用"是种植分摊的间接成本费用，其归集的对象是那些不能直接分清使用对象的费用归集，其分摊的方法可按核算方式进行分摊，月末转入生产成本。

四、无公害蔬菜收成核算

无公害蔬菜栽培主要有春提早栽培、秋延后栽培及越冬栽培、越夏栽培等形式，经济效益显著高于露地生产，无公害蔬菜收入主要是指单位时间内种植无公害蔬菜所能够产生的所有经济收入，它与单位时间内所种植的无公害蔬菜作物种类、品种以及茬次有关，同时，无公害蔬菜收入也与无公害蔬菜市场供求关系有关。

五、无公害蔬菜利润核算

无公害蔬菜种植要想获得较高经济效益，首先应当了解无公害蔬菜效益的构成因素和各因素之间的相互关系，无公害蔬菜效益构成因素一般由无公害蔬菜产量、市场价格、成本、费用和损耗5个因素构成。各因素之间的关系可以用关系式表示：

无公害蔬菜效益=（无公害蔬菜产量-损耗）×无公害蔬菜售价-成本-费用。总的效益除以种植面积就可以算出单位面积的效益。效益分析的另外一个因素就是产出比，其关系是：投入产出比=成本/无公害蔬菜效益，产出比可以反映出无公害蔬菜生产的经济效益状况。

1. 种植产量估算

包括市场销售部分、食用部分、留种部分、机械损伤部分4个方面。

2. 产品价格估算

产品价格估算比较容易出现误差。产品价格受到市场供求关系的制约，另一方面无公害蔬菜商品档次不同，价格也不同。产品价格估算要根据自己生产销售和市场的情况，估算出一个尽量准确的平均价格。

3. 成本的构成和核算

无公害蔬菜种植中的主要成本，包括种子投入、农药肥料投入、土地投入、大棚农膜设施投入、水电投入等物质费用和人工活劳动力的投入。成本核算时要全面考虑，才能比较准确地估算。

4. 费用估算

费用估算是指在无公害蔬菜生产经营活动中发生的一些费用，如信息费、通信费、运输费、包装费、储藏费等均应计入成本。

5. 损耗的估算

损耗的估算主要指无公害蔬菜采收、销售和储藏过程中发生的损耗，不能忽略损耗对效益的影响。

第二节 蔬菜市场营销

无公害蔬菜同样属于鲜活类农产品，由于含水量大，所以极易腐烂、变质，储藏保鲜就成为了必备的生产与销售条件。

一、无公害蔬菜营销特点

(一) 无公害蔬菜生产具有地域性和季节性

无公害蔬菜生产受生态环境和地理条件的影响极大,优质果品都有其适宜的产区,而无公害蔬菜和果品的生长发育必然受自然气候条件的制约,致使所有的无公害蔬菜都不能在某地的任意时候收获,从而造成生产的季节性。这种季节性导致无公害蔬菜常常在旺季供过于求,淡季供不应求,造成产品价格波动极大。

(二) 市场容量大,产品品种多样

无公害蔬菜是人人需要,常年消费的生活食品。人年均需要80千克的水果才能维持人体的健康。从营养角度考虑,人们每天需要数量充足、营养成分搭配合理的各种无公害蔬菜。随着生活水平的提高和消费习惯的改变,无公害蔬菜的需求量会越来越大。而无公害蔬菜种类繁多,除了栽培学所讲的种类外,作为商品的无公害蔬菜,还包括各种无公害蔬菜的加工制成品。各种无公害蔬菜产品由于其本身的特性不同、规格质量不同,使无公害蔬菜商品多达上千个种类、数万个品种和规格。

(三) 鲜嫩易腐性

无公害蔬菜属于鲜活易烂食品,极易腐烂、变质,失去商品价值。因此,对储藏和运输的条件也比其他商品要求高,使得运输和储藏成本加大。

(四) 产量的不稳定性

由于目前无公害蔬菜生产受自然条件的影响,其产量具有不稳定性,因此生产有较大的易变性与风险性。

二、制订计划

无公害蔬菜的种植,不论其是生长期长的无公害蔬菜(如茄果类、瓜类无公害蔬菜等),还是生长期短的无公害蔬菜(如叶菜类、芽菜类等),制订科学合理的生产计划,使生产有条不

紊地进行，是作为一个生产经营者所必备的，也是保证无公害蔬菜高效益的重要条件。

（一）无公害蔬菜育苗计划

无公害蔬菜育苗技术是无公害蔬菜生产的基础和技术关键，无公害蔬菜主要在冬季和早春育苗，配套遮阳、风扇、湿帘等降温设施也可在高温季节进行无公害蔬菜育苗和生产。

无公害蔬菜育苗，特别是早春保护地育苗必须根据生产要求、无公害蔬菜的种类、秧苗的用途、育苗条件、壮苗指标和定植环境，制订详细周密的育苗计划，确定适宜的播种期，根据育苗要求提早准备好育苗设施，根据需苗数量确定育苗床面积以及穴盘或营养钵等数量；根据种子千粒重、纯度、发芽率确定播种量；并根据不同无公害蔬菜苗期对营养的要求配好营养土。如果需要，播种前对苗床土提前做好消毒工作，并对育苗器具、育苗设施进行消毒。

（二）无公害蔬菜栽培计划

制订科学合理的生产计划，使生产有条不紊地进行，是作为一个生产经营者所必备的，也是保证无公害蔬菜高效益的重要条件。

1. 种植计划

种植计划主要指一二年生作物或短季节栽培的作物的播种和栽培时间安排。种植计划的主要依据是产品消费市场信息，特别是市场价格变化信息或供求关系信息。依照这些信息，决定某种或多种作物的播种时间、种植面积和所占比例，并由此修订连锁性的一些生产计划。如发现市场积压白菜，售价很低，不能再安排白菜的栽培，可以改白菜为菠菜或其他无公害蔬菜，并相应改变技术措施、生产资料购进等计划。社会发展变化，如某城市要举办大型体育运动会，城市绿化美化和公共设施建设要迅速配合，需要大量的林木、花卉和丰富的无公害蔬菜、瓜果供应，种植应及时改变既定的生产计划，这既是对政府、对社会的支持和响应,也有利于生产经营者获得好的经济回报。

2. 技术管理计划

技术管理,是生产企业或单位对生产过程中的一切技术活动实行计划、组织、指挥、调节和控制等工作的总称。生产上,技术管理的内容包括技术措施项目与程序、技术革新、科研和新技术推广、制定技术规程与标准、产品采收标准与日程安排、生产设备运行与养护、技术管理制度等。这些内容也可以按施肥、灌溉、植株管理、产品器官管理、采收等生产环节做计划。因此,技术管理计划的制订,应依据播种计划,并参照自然条件、资源状况的变化而相应修改。如干旱、雨涝、土壤肥力、重要生产资料的变化,应相应变动技术管理计划。这些年设施发展很快,设施对自然条件、能源保障等的依赖程度很大,这些条件一旦有变动,设施的生产仍按原计划进行,很有可能遇到克服不了的困难。

技术管理计划中,植物保护应当列为很重要的项目和内容。防治病虫害、控制杂草旺长、防止自然灾害的发生和减灾救灾,是生产中一定要投入大量人力、物力的工作。提倡根据多年的经验和中、长期的病虫情、天气预报,早制定切实可行的技术措施,以预防为主,综合治理。目前,我国生产中病虫害防治措施太偏重于化学药剂的防治(特别是治病),在各种防治措施中占到80%~95%。科学的综合防治、生物防治应占到20%~35%,农业防治占30%以上,而化学防治应降低到30%以下。只有年初计划好,预先落实各项准备工作,才不至于临时采用虫来治虫、病来治病的喷洒化学药剂措施。

实现农产品的安全、营养也是植物保护的一个重要目标,因此,在生产中要学会合理地、科学地使用高效、低毒农药,并且要严格地执行安全间隔期。

3. 采收及采后管理计划

植物采收产品多种多样,既有果实,也有茎(枝);既有地上部分,也有地下部分;既有一次性采收,也有分批分次采收;既有定期采收,也有提早或延后采收,不管采收形式怎样,都应当有一定的计划。生产的目标就是进入市场,用产品换取货币,产生经济效益,所以是非常重要的工作,必须计划好。

采收及采后管理计划的主要内容和依据如下。

(1) 种、品种作物的采收时间、采收量,应按生产单位来落实,依年度播种和移栽计划与技术管理计划而定。

(2) 每种、品种作物采后的分级、立即上市或就地贮藏计划,按市场需要情况定,但是也应该提早制订计划,并做两种或几种准备,如早春菠菜,上市时间早晚可能相差 20 天。产品需贮藏的,应有一定的贮藏保鲜条件。

(3) 采收劳力、物力的安排计划。有些无公害蔬菜、瓜类,特别是其中的某些品种,如果栽培量大,成熟期又比较集中,采收工作量很大,应预先有计划地调度人力、物力,集中突击性做好采收和采后处理。

(4) 各种采收必需的物资、运输工具计划。如菜篮、包装用的筐、箱、包、袋、纸袋、纸片、扎捆绳、薄膜袋等;田间运输小车、分级包装场所,甚至包装分级的台秤、计数器等;运输工具,特别是急需上市、远销的产品,必须有落实的车辆运输,甚至定好火车、飞机班次等。

4. 其他几项生产计划

包括物资供应计划(肥料、农药、水电煤动力保障、车辆等)、劳力及人员管理计划(应包括技术培训、技术考核等)、财务计划(包括各项收支计划、成本核算等)等,这些都是重要的,应当与前面所涉及的计划一样,要制订得全面、详尽和具可操作性。

三、无公害蔬菜营销策略

(一) 快速流通

无公害蔬菜属于鲜活易烂商品且时令性强,采摘后要及时储运，以保持其品质和新鲜度，减少养分消耗。无公害蔬菜销售一定要赶"时先"，减少流通环节，快进快销。而且，为了最大限度地延长水果产品的寿命，多数水果产品需要在低温条件下流通，因此建立适宜的冷链流通系统十分重要，这也是水果产品流通发展的必然趋势。

（二）确保商品鲜嫩

无公害蔬菜商品由于含水量大，存在易腐性的特点，在流通中很容易失水萎蔫甚至腐烂而失去商品价值，因此在流通中必须保持商品鲜度。同时，经营者要及时了解市场供求状况，抓住有利时机，利用"短、平、快"的产品流通渠道进行销售显得格外重要。

（三）供给频度高，注意实现均衡供给

水果特别是无公害蔬菜作为人们的生活必需品，需求价格弹性低，购买频率高。而且导致供给频率也高。而且供给多了不行，少了也不行，所以在流通中一定要注意实现均衡供给。

（四）注意安全、卫生

无公害蔬菜属于食品类，其卫生状况直接关系到消费者的健康。流通中必须时刻注意产品卫生，防止有害物质的污染，以确保消费者的使用安全。

主要参考文献

曹光亮. 2015. 叶菜类蔬菜无公害生产技术 [M]. 南京：江苏人民出版社.

刘青华. 2014. 无公害蔬菜生产新技术 [M]. 北京：中国农业出版社.

文范纯，习再安，蒋阳德. 2014. 无公害蔬菜规模化生产合理施肥和病虫草害防治技术 [M]. 北京：化学工业出版社.